戰學歷

不如靠能力

**創新改革 × 危機意識 × 加強行動力，
提升自我能力，升遷加薪不假外力！**

想要戰學歷，卻發現身邊的人都強得像鬼；
跳槽跳來跳去，不知道哪裡是心之所向；
工作不順利，找不到問題壓力大到天天便祕！

每天不是在上班，就是去上班的路上，
抓住職場祕訣努力向上，壓力負擔 going down！

康昱生，常拜 著

目 錄

第一章 端正態度，明白你在為誰工作

工作不僅僅是為了薪水 ⋯⋯⋯⋯⋯⋯⋯⋯⋯⋯⋯⋯⋯ 14

切莫做一天和尚撞一天鐘 ⋯⋯⋯⋯⋯⋯⋯⋯⋯⋯⋯ 15

不要身在曹營心在漢 ⋯⋯⋯⋯⋯⋯⋯⋯⋯⋯⋯⋯⋯ 19

工作付出三種情 ⋯⋯⋯⋯⋯⋯⋯⋯⋯⋯⋯⋯⋯⋯⋯ 23

接受工作的全部 ⋯⋯⋯⋯⋯⋯⋯⋯⋯⋯⋯⋯⋯⋯⋯ 27

專心致志，全力以赴 ⋯⋯⋯⋯⋯⋯⋯⋯⋯⋯⋯⋯⋯ 31

對你的公司心存感恩 ⋯⋯⋯⋯⋯⋯⋯⋯⋯⋯⋯⋯⋯ 34

我能為公司做什麼 ⋯⋯⋯⋯⋯⋯⋯⋯⋯⋯⋯⋯⋯⋯ 36

今天工作不努力，明天努力找工作 ⋯⋯⋯⋯⋯⋯⋯ 41

第二章 專注工作，工作是與生俱來的使命

專注是獲取結果的重要要素 ⋯⋯⋯⋯⋯⋯⋯⋯⋯⋯ 46

全心全意愛上自己的工作 ⋯⋯⋯⋯⋯⋯⋯⋯⋯⋯⋯ 48

對待工作全力以赴 ⋯⋯⋯⋯⋯⋯⋯⋯⋯⋯⋯⋯⋯⋯ 50

懂得有效利用時間 ⋯⋯⋯⋯⋯⋯⋯⋯⋯⋯⋯⋯⋯⋯ 53

專注於「不可能完成的任務」 ⋯⋯⋯⋯⋯⋯⋯⋯⋯ 55

認真完成每一項工作 ⋯⋯⋯⋯⋯⋯⋯⋯⋯⋯⋯⋯⋯ 57

專注工作並努力工作 ⋯⋯⋯⋯⋯⋯⋯⋯⋯⋯⋯⋯⋯ 58

每天努力多一點 ⋯⋯⋯⋯⋯⋯⋯⋯⋯⋯⋯⋯⋯⋯⋯ 60

目錄 ————————————

第三章　注重細節，謹記工作之中無小事

工作之中無小事 ·· 64

做好小事是成功的基礎 ·· 67

不因善小而不為 ·· 69

小事件大新聞 ··· 71

每一件事都值得用心去做 ····································· 73

出勤事小影響大 ·· 75

細節之處見精神 ·· 79

注重細節，把工作做得更出色 ····························· 83

第四章　能力扎實，做個解決問題的高手

方法比態度更重要 ··· 88

困難一定能得到解決 ·· 90

讓方法助你成功 ·· 92

第一次就把工作做好 ·· 93

花最少的錢辦最多的事 ··· 95

掌握專業的工作技能 ·· 101

捕捉並善用有價值的資訊 ···································· 103

為公司提出最好的方案 ······································· 108

迎接新的挑戰 ··· 110

第五章　承擔責任，不為失敗找任何藉口

責任創造完美結果 …………………………………………………… 116

勇於對結果負責任 …………………………………………………… 118

明確責任才能鎖定結果 ……………………………………………… 120

責任釋放熱情 ………………………………………………………… 121

承擔責任贏得機會 …………………………………………………… 124

做每件事都要盡職盡責 ……………………………………………… 126

藉口意味著不負責任 ………………………………………………… 128

好員工不找任何藉口 ………………………………………………… 130

拒絕藉口才能保證結果 ……………………………………………… 132

第六章　結果為王，結果是檢驗一切的標準

結果比忠誠更為重要 ………………………………………………… 136

追求最佳的結果 ……………………………………………………… 137

著手重點，保證效率 ………………………………………………… 139

忙不代表著效率 ……………………………………………………… 142

積極提升個人業績 …………………………………………………… 144

結果是一切工作的要務 ……………………………………………… 148

結果第一，用業績說話 ……………………………………………… 150

沒有苦勞，只有功勞 ………………………………………………… 153

目錄

第七章　提升自我，不斷提升自己的綜合實力

修練自己，提高自身修養 ················· 158

不斷提升自己的工作能力 ················· 159

提升自己的社交能力 ················· 161

把自己變成「名牌」 ················· 163

先溝通，後理解，再合作 ················· 166

如果我是老闆會怎樣 ················· 171

善於學習別人的經驗 ················· 174

向你的競爭對手學習 ················· 176

在工作中不斷完善自己 ················· 178

第八章　積極行動，將工作落實

行動始於腳下 ················· 182

絕不拖延，立即行動 ················· 183

執著於自己的目標和結果 ················· 186

不要輕易放棄 ················· 190

工作不需要別人來安排 ················· 193

不要等待萬事俱備 ················· 196

一次行動勝於百遍胡思亂想 ················· 198

行動之後才見結果 ················· 200

第九章　精誠團結，積極融入到團隊中去

個人英雄主義要不得 ……………………………………… 204

團隊的目標高於一切 ……………………………………… 205

不能沒有團隊精神 ………………………………………… 207

團結合作才能雙贏 ………………………………………… 210

團隊合作贏得精彩 ………………………………………… 212

以團隊的利益為重 ………………………………………… 216

團隊合作才能取得成功 …………………………………… 218

團隊精神永不過時 ………………………………………… 221

融入團隊讓自己更完美 …………………………………… 224

第十章　不斷創新，讓自己與企業共同進步

思維的創新 ………………………………………………… 230

思路決定出路 ……………………………………………… 235

打破常規的工作觀念 ……………………………………… 237

在工作中不斷創新 ………………………………………… 239

創新成就完美結果 ………………………………………… 240

創新思維，啟動生命 ……………………………………… 242

創造力是員工的核心競爭力 ……………………………… 244

創新是不斷進取的表現 …………………………………… 246

沒有創新就沒有發展 ……………………………………… 248

目錄

前言

「左手找右手，他們總也握不上手」，這段話標示著「找對象」時，很多人都會有的焦慮。如今，被形象地套用在「難」字當頭的大學生就業市場。

「企業HR（人力資源管理部門）總是抱怨招人難，但同時，大學生、碩士、博士找工作難又成為不爭的事實。」一位人力資源管理專家搖著頭嘆息。

青年就業的比例將越來越大。畢業生供需狀況迅速轉變，就業難度急劇增加。那麼，如何才能讓自己在茫茫人海中脫穎而出，成為企業最需要的員工呢？

所以，如何在社會發展的大潮中適應企業的發展和用人需求是擺在每位上班族面前的一道考題。有的人綜合素養較高，能適應形式和社會發展的要求，成為企業的管理者或員工，有的人因不懂得如何適應企業的發展而被淘汰或無法進入企業的門檻。如何成為一位企業眼裡的好員工？如何才能在企業中生存和發展？企業需要什麼樣的人才？是所有企業和員工都迫切需要研究和解決的問題，也是每位企業員工願聞其詳的話題。

如何成為企業眼裡的好員工？如何在激烈的人才競爭中占有一席之地？

要想成為一個好員工，在企業中脫穎而出，忠誠是極為關鍵的，企業老闆最希望自己的員工忠誠可靠。我想沒有一個企業老闆會將重要工作和職位交給一個沒有忠誠、不可信的人。「身在曹營心在漢」，對待這樣的人最好的辦法是將其遣送回漢室。其次，將自己放在老闆的立場上看待問題和工作，處處為企業著想，為老闆考慮，我想你的工作一定會被老闆所認可。

前言

　　作為一個好員工，不管你是腦力勞動者還是體力勞動者，成為企業員工後均應將自己所學的知識、技能、特長在工作中發揮並加以運用，充分發揮個人的潛能，只有這樣你的才能才會被企業主管所發現，對你重視，做到「人盡其才、才盡其用」。不管任何時候，任何情況下，我們都應該加強學習，將知識、技能學到，任何時候對我們都是有益的。老闆需要的是有知識有技能的人才作為自己的員工。

　　作為一個好員工應該適應不同的環境，要有吃苦、耐勞的精神。你若沒有吃苦耐勞的精神，不能適應企業的環境，最終不是自己主動請辭，就是被企業所淘汰。要想在企業中生存和發展。就要勇於吃苦，勤於奉獻，克服暫時的困難後，環境將逐步得到改善，只有這樣你才能在企業中生存和發展。

　　作為一個好員工要善於交流、合作，多提合理化建議。員工在企業中是創造財富的最直接著，他的言行、情緒、思想直接與企業效益發生關係。一個企業的主管應密切關心員工的思想動態，反過來，企業員工應主動與企業主管或主管加強交流，與同事加強溝通與合作，將合理化建議和建設性意見與主管提出，加以討論和醞釀，變成切實可行、對企業有利，能為企業帶來效益的方案。

　　作為一個好員工要勤於思考，勇於創新有責任感。也許你的一項小革新就會為企業贏得效益，也許你的一個點子會將一個企業轉虧為盈。如果你能為企業帶來更大的經濟效益，你除得到加薪的喜悅外，老闆還有可能提拔重用。

　　建立一支高素養的人才隊伍是企業生存和發展的核心。人不在多而在於精，看人、用人、識人的首要條件不是看學歷，也不看經驗，而是看人的忠誠度和創新精神。作為一個好員工有忠誠還是遠遠不夠的，必須在學

中做，在做中學，勤於思考，在工作中有創新精神。

總之，成為一個好員工，需要自己的勤奮和努力，要心存善意與真誠，勤於思考，踏踏實實工作，只有這樣你才能被企業認可，老闆才會信任你，你才會無往而不勝，最終你會成為一個真正的好員工。

本書從日常工作的細節小事和自身談起，圍繞著如何成為一個好員工這一核心，詳細闡述了什麼樣的員工才是企業真正需要的好員工，以及怎樣才能成為企業最需要的好員工。告訴讀者如何端正工作態度，如何加強工作的責任感，提高工作效率超越自我，為個人和企業創造最大的價值。

本書以嶄新的視角，縝密的邏輯，可讀性和啟發性強。結合大量生動詳實的材料和案例，告訴讀者如何才能成為一個好員工。為金融危機下的企業和自己的發展創造更加扎實的前提條件。

我們希望每個讀者都可以透過對此書的閱讀，理解到做一個「好員工」是多麼的重要。讓我們成為好員工，為自己的人生邁出扎實的每一步。

前言

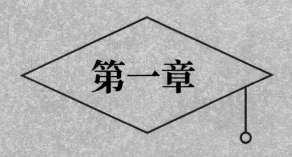

第一章

端正態度，明白你在為誰工作

　　在工作面前，態度決定一切。一個人的工作態度反映他的人生態度，不同的態度成就不同的人生，有什麼樣的態度就會產生什麼樣的行為，從而決定不同的結果，所以好員工要時刻保持一種積極上進的工作態度，只有這樣才能在工作中不斷提升自己，讓自己成為企業最需要的員工。

第一章　端正態度，明白你在為誰工作

▌工作不僅僅是為了薪水

　　有許多員工在上班時總喜歡「忙裡偷閒」，他們要麼上班遲到、早退，要麼在辦公室與人閒聊，要麼借出差之名遊山玩水……這些人也許並沒有因此而減少自己的收入，但他們會錯過一次次晉升的機會。

　　一個人如果總是為自己到底能拿多少薪水而大傷腦筋的話，他又怎麼能看到薪水背後可能獲得的成長機會呢？他又怎麼能意識到從工作中獲得的技能和經驗，對自己的未來將會產生多麼大的影響呢？這樣的人只會無形中將自己困在薪水裡，永遠也不懂自己真正需要什麼。

　　工作所給你的，要比你為它付出的更多。如果你將工作視為一種積極的學習經驗，那麼，每一項工作中都包含著許多個人成長的機會。如果你一直努力工作，一直在進步，你就會有一個良好的、沒有汙點的人生記錄，使你在公司甚至整個行業擁有一個好名聲，良好的聲譽將陪伴你一生。

　　工作占據了我們生命中的大部分時間。工作是人生運轉自如的轉軸，影響著人的一生。假如我們在工作職位上得不到尊嚴與快樂，那麼我們的人生只能是暗淡無光、毫無生機。假如工作沒有尊嚴與意義，我們的人生又怎能幸福快樂？

　　為金錢工作，工作只能無味，但為自己工作，工作能給你輕鬆愉快的心情，而且人們也會更加重視你，仰慕你。因為你的付出帶給別人快樂，使別人從中獲得利益，也實現了你自己的人生價值。

　　有這麼一個故事，小王取得博士學位的時候，小王與他的同學小張一起來到某一跨國公司工作，剛開始時小王的薪水是 26,000 元，但小張的薪水卻比小王多 5,000 元。這確實不公平。工作的時候，小王總是漫不經心，小錯誤常常發生，工作效率低，要不然自己就像吃了大虧。

現在看來小王是多麼愚蠢，小王只為薪水工作，認為少 5,000 元就要少做 5,000 元的事。讓學習機會與晉升空間遠離自己而去，各種各樣的壞習慣油然而生，成為以後成長的障礙。

在美國，有一個年輕人取得博士學位後，自願進入一家製造燃油機的企業擔任品管員，薪水比普通工人還低。工作半個月後，他發現該公司生產成本高，產品品質差，於是他便不遺餘力地說服公司老闆推行改革以占領市場。

身邊的同事對他說：「老闆給你的薪水也不高啊，你為什麼要這麼賣命啊？」

他笑道：「我這樣是為我自己工作，我很快樂。」

幾個月後，這個年輕人晉升為經理，薪水翻了幾倍，尤為重要的是這幾個月的改革，讓企業的利潤增加了幾千萬美元的收入。

不在乎其他人的看法，虛心學習，把工作做好，不要和別人一樣在工作的時候腦子裡全是「我是在為老闆工作」的思想。

不要只為金錢而工作，不要在乎別人的說法，積極工作，從工作中獲取快樂與尊嚴，這就是一個非常有意義的工作，也能實現你人生的價值。這樣，你的人生會更輝煌，生命會更有價值。

▌切莫做一天和尚撞一天鐘

常常有這樣的一些人：他們每天按時上班，按時下班，如果交給他們任務，雖然做得不很出色，卻可以按時完成；他們不與別人爭什麼，也不為自己爭什麼，許多時候他們似乎顯得與世無爭；他們得過且過，做一天和尚就撞一天鐘。

第一章　端正態度，明白你在為誰工作

這是因為他們沒有明確的目標，失去了前進方向，就像一個在沙漠裡迷了路的人，無論他怎麼轉，他也走不出沙漠，那麼他就只能消極地等待救援，或者乾脆什麼也不做。身在職場，第一要緊的事就是樹立奮鬥目標。有了目標，工作就會充滿機會；有了目標，自己才有努力的方向。

我們周圍有許多人，他們整天辛勤工作，從不偷懶，但一生只能養家糊口。從外在表現看起來，他們兢兢業業，很讓人敬佩，但他們老了，卻會感到自己的一生過得並不精彩。相比之下，一些並沒有他們勤奮的人卻取得了比他們大的成就，過上了比他們更好的生活。這讓他們百思不得其解。

1953 年，美國耶魯大學（Yale University）對畢業的學生進行了一次有關人生目標的研究調查。在開始的時候，研究人員向參與調查的學生們問了這樣一個問題：「你們有人生目標嗎？」對於這個問題，只有 10% 的學生確認他們有目標。然後，研究人員又問了學生第二個問題：「如果你們有目標，那麼，你們是否把自己的目標寫下來呢？」這次，總共只有 3% 的學生回答是肯定的。

20 年後，耶魯大學的研究人員在世界各地追訪當年參與調查的學生，他們發現，當年白紙黑字把自己的人生目標寫下來的那些人，無論從事業發展還是從生活水準上看，都遠遠超過那些沒有這樣做的同學。這 3% 的人所擁有的財富居然超過了餘下的 97% 的人的總和。

3% 的人之所以成功，就是因為他們有明確的目標。而那些沒有目標的人，雖然工作很辛苦，卻不知為何工作，得到的回報更是和他們的付出差距很大，於是，時間一長，他們就得過且過，做一天和尚敲一天鐘，渾渾噩噩、虛度年華了。

其實，我們隨時都在為自己設定著或大或小的目標，比如：想要一件漂亮的服裝；想買一輛心儀的轎車；想送孩子上最好的學校；想要環遊世

界;想有一家自己的公司等等,重要的不是目標是什麼,關鍵是它要明確、切實可行,要把每一個看似很小的目標一個個落實下來,一個個去實現,你的人生才充滿色彩,才不會虛度。

美國康乃爾大學(Cornell University)曾經做過這樣一個有名的「青蛙試驗」。試驗人員把一隻健壯的青蛙投入熱水鍋裡,青蛙馬上就感到了危險,拚命一縱便跳出了鍋。試驗人員又把這隻青蛙投入到冷水鍋裡,然後開始慢慢給鍋加熱。開始時,青蛙暢快地游來游去,毫無戒備。一段時間後,鍋裡的水溫度逐漸升高,而青蛙在水溫緩慢的變化中卻沒有感受到危險,最後,一隻活蹦亂跳的健壯青蛙竟活活被煮死了。

人們很容易習慣一種安逸的環境,這種暫時的安逸會麻痺一個人的神經,使他們總以為這種安逸可以持久下去,就像那隻冷水鍋裡的青蛙一樣。但事實上,許多的因素正在發生著變化,也許很小,也不容易引起注意,但積少成多,等到真正爆發的時候,就已經到了毀滅的時候,那時再想挽救已經沒有機會了。

在世界 500 強的企業名錄中,每過 10 年,就會有 1 / 3 以上的企業從這個名錄中消失,或落魄、或破產。在總結這些企業衰落的原因時,人們發現,春風得意之時正是這些企業衰落的開始,因為正是在這個時候,他們忽略了危機的存在,忘記了產品開發以及經營管理的超前性。

反觀在 500 強中長期站住腳的企業,則對危機意識有著深刻的認知。百事可樂公司負責人在公司蒸蒸日上時,反而提出了「末日管理」的理論,他經常以大量令人信服的資訊讓員工體會到危機真的來臨了,「末日」似乎不遠,以此來激發員工不斷向上的鬥志,並要求公司的年經濟成長率必須保持在 15% 以上。百事趕超可口可樂的業績充分說明了「末日理論」的實用性和必要性。

第一章　端正態度，明白你在為誰工作

其實，不僅僅是企業、領導者要具有危機意識，作為員工更要有危機感。這種危機感展現在對工作的珍惜程度上。危機感強的員工，總會對工作備加珍惜，他們懷著一種感恩的心在工作，因為他們知道，如果不珍惜工作，不時刻保持危機感，自己的位置就有可能被別人替代，自己不珍惜工作，就如同冷水中的青蛙，面臨被企業淘汰的危險。

作為員工，心中常有危機感對你將是件利大於弊的事情。從表面上看，人們努力工作是被環境及生活逼迫的，但真正的動因卻是發自個人內心的世界，是心中危機感的驅使，是你自己內心的自驅力告訴你應該這樣去做，你希望自己活得幸福和成功。

抱有「做一天和尚撞一天鐘」這樣心態的人完全把自己的命運交給了別人，自己沒有一點的主動。他的美夢隨時都會被別人叫醒，隨時會中斷自己的職場生涯。失業對他們來說，就和下班一樣平常。

要想不失業，唯一的辦法就是珍惜自己現在擁有的工作，不斷地努力學習，不斷地提升自己的技能。只有這樣，你才能掌握自己的命運，你才可以在職場的競爭中立於不敗之地，才能更好地發展自己的事業。努力工作，不僅是一個員工對待工作的態度，更是減少後顧之憂，拓展未來之路的最佳手段。

「做一天和尚撞一天鐘」的心態和工作方式顯然沒有任何的效率可言，而如今的社會又是一個講求高效率的時代，沒有一個企業能在效率低下的情況下取得發展。所以，這些企業必然會讓那些工作不努力，沒有什麼效率的人失去位置。無論你在什麼企業，對待工作千萬不能有僥倖心理，認為很多人都這樣，做一天和尚撞一天鐘，能混一天算一天。到頭來，你失去的將是你自己的未來和前途。

▌不要身在曹營心在漢

一個月沒有達到自己預想的目標，便懷疑自己是不是選錯了公司；六個月沒有得到升遷，便懷疑自己受了虧待；一年沒有加薪，便懷疑自己是不是已經沒有前途了。在他們眼裡，總覺得下一個工作肯定比現在的好，一切問題都能以跳槽的方式來解決。

趙向東畢業剛滿一年，卻已經跳槽了 5 次，中間累計待業的時間比工作時間還長。不論到哪個公司，他看到的都是一大堆毛病，到了哪裡，都感到對工作沒有興趣。因此，不是做了幾天就跑掉，就是做了一個月就被炒，到現在也沒有一個固定的工作。就這樣，他慢慢地失去了以前那種努力上進的動力，一有困難，首先不是從自身找原因，想著如何解決它，而只想著怎樣逃避它。

一位人力資源部經理說：「當我看到申請人員的履歷上寫著一連串的工作經歷，而且是在短短的時間內，我的第一感覺就是他的工作換得太頻繁了。頻繁地換工作並不能代表一個人工作經驗豐富，而是更說明了這個人的適應性很差或者工作能力低。如果他能快速適應一份工作，就不會輕易離開。要知道，換一份工作的成本也是很昂貴的。」

其實，轉換對工作的態度與看法，才是解決問題最根本的方法。當你萌生去意時，不妨先轉換一下自己的心情，從積極的角度重新審視自己的公司、自己的工作以及自己的老闆和同事。

在抱怨公司的時候，應該同時想想自己是否主動地為公司的發展做出了貢獻。事實上，你的待遇和你的工作成績是成正比的，一個各方面都很優秀的人，老闆是絕對不會視而不見的。只有經過一番磨練，才能累積一定的工作經驗，提升自己的工作能力，也才有可能從事更重要的工作。

第一章　端正態度，明白你在為誰工作

　　若與主管、同事失和，必須認清自己也得承擔一定的責任，不要事事以自我為中心。要培養自己的耐性，並以開闊的心胸包容所有事物，同時也應該積極與各種人接觸，學習接受他人的本性，而不要一味的要求他人照著自己的意思行事。若習慣將一切過錯推諉他人，認為自己的不幸都是周遭的人造成的，那麼不論換多少次工作，同樣的情況只會一再發生。

　　即使你做過幾十種工作，如果都沒做好，也不會累積下多少經驗，而且其他和你同年紀的人，可能在某一個工作領域早已經做到了很高的位置。找到自己喜歡做的工作，以及適合的環境，就不要再跳了，其實每換一份工作都會失去一些東西的，譬如：你在原來公司良好的人際關係，和同事培養出來的默契，技能訓練和豐富的工作經驗等。

　　其實如果你沒有在一家企業工作一至兩年以上，根本不會學到該職位的精髓，有些人短短幾個月就換公司，這是對自己及所在公司不負責任的表現，一般企業在錄取此類求職者會格外慎重考慮。

　　一個人的職業發展需要經過長期的經驗累積，才能得到逐步的成長，切勿成功心切，「揀了芝麻，丟了西瓜。」出現這種浮躁心態的時候，要認真思考，究竟是自己的問題還是企業的問題。沉下心來，踏踏實實地做好自己的工作，當真正地融入到企業中時，也許你會重新找到自己的定位，發現自己的價值。如果工作一段時間後，你發現這種工作的確不適合自己，那麼你可以理性地做出更好的人生選擇。

　　轉職前的準備工作一定要做好，不能什麼都沒準備好，拔腿就走人，導致跳槽的高成本，這是不理智的選擇。很多人選擇盲目的跳槽，造成了自身經驗的再流失及誠信忠誠度的降低。

　　在你決定轉職之時，必定會對未來有所期待，幻想著透過跳槽達到一個燦爛光明的美好前景。但現實是非常殘酷的，也許當你去一個新公司

時，會發現許許多多的問題，很可能是你遠遠沒有預想到的。

　　草率的結果，只能是從眾。只看到新工作表面的優點，卻沒有反思自己的工作態度，輕易地放棄原本熟悉的工作，結果使自己陷入到更為惡劣的工作環境中。

　　跳槽，是職業生涯旅途中在某個驛站的轉折。在這裡，你將轉乘另一列車，駛向心中的目標。不要搭錯車、跑錯路，否則只能與心目中的目標背道而馳，越走越遠。

　　當今社會，兼職被一部分人奉為「生財之術」而大行其道。在面對理想與現實的差距時，有的人理智地分析現狀，及時調整自己的心態，理清自己的工作思路；而有的人就會產生一些不端正的心態，滋生一些錯誤的想法，從而給工作帶來一些障礙，也給自己的職業生涯抹上了灰暗的一筆。

　　有些人在工作期間「腳踏兩條船」，開闢「副業」，幻想著這樣會給自己增加一些額外的收入，帶來短時期的收益。這其實是一種既不明智又得不償失的行為。

　　由於正常的工作已占去了不少時間，再加上畢竟一個人的精力有限，一心二用，顧此失彼，自然不能把全部心思放在本職工作上。如此一來，大腦得不到放鬆，效率自然不會太高，就會大大降低本職工作的效率和品質，這必然會影響到本職工作正常的進度。

　　另外，員工一旦兼職，就很難做到全身心投入工作，常常會敷衍公司分派的任務。公司內部如果出現越來越多的兼職者，勢必會影響其他員工的工作積極性，從而影響到公司的正常運作。

　　為此，不少公司都明文規定員工不准兼職，如，員工未經公司書面批准，不得在公司內利用上班時間或利用公司資源從事與公司無關的營利性

第一章　端正態度，明白你在為誰工作

的工作。尤其嚴格禁止在公司外兼職任何獲取薪資的工作，更不能容忍員工在為公司工作的同時，悄悄地為公司的競爭對手做兼職。

自然，從事「副業」的人不會光明正大地去做，往往偷偷摸摸，害怕被同事，尤其是老闆發現。工作時間開關「副業」會直接影響辦公效率，拿著老闆的錢去做自己的事，一旦被老闆發現，哪怕你工作再勤奮，也會給老闆留下一種不務正業的印象。

在炒股年代裡，有不少是職場人上班時間電腦的主頁變成了證券公司、手機的證券下單 APP，電話聊天主題離不開「買了嗎」、「買什麼」之類的詢問。

小張在一家網路公司上班，平時總是羨慕誰誰的收入高，誰誰的賺錢門道多，於是盤算著自己怎樣也能賺些外快。這一陣子，股市行情節節攀升，炒股風氣高漲，小李的一位朋友就趁此機會大賺了一筆，還鼓動小李也投身股市。

就這樣，小張整日沉浸在股票的漲漲跌跌中，上班的時候也念念不忘，有時就忍不住偷偷上網查看一下股票行情。小張心裡也很清楚：在上班時間做兼差是違反公司制度的。但他心存僥倖，心想：只要不被老闆發現，就沒什麼大不了的。他自以為警惕性很高，一見老闆向他這邊走來，就迅速地將電腦畫面切換到工作的介面。

最近幾天老闆都沒有出現在公司，小張以為老闆一定是出差了，就更加放心大膽地炒股、看盤。誰知當他做得正起勁的時候，忽然瞥見老闆在背後冷冷地看著他，小張的心裡不由升起一種毛骨悚然的感覺。老闆什麼話也沒說，轉身離開了。

等小張做完了手頭的工作，老闆便通知他去會計那裡領了最後的薪水，並告訴他，以後可以正大光明的在家玩股票了。

在一項關於員工炒股的調查中，超過四成的人平均每天花四、五十分鐘關心股市；有近九成的炒股白領坦承，股市的波動影響到自己的工作表現。

有位公司老闆對這種行為明確表態：「如果我發現我的員工有兼職行為，我絕不會重用他，甚至會辭退他。因為，這是對公司不忠誠、不尊重的做法。」如此一來，你未來的職業前景就可想而知。

作為一名員工，要有著忠於本職工作的職業態度。也就是說，我們每一個人做任何事，都必須盡心盡力，對工作認真負責；要從身邊點點滴滴的小事做起，要和企業融為一體，一切以公司的利益為重。工作之餘，不妨多學習一些工作中可能需要的知識。總之，只要不影響本職工作，你可以盡可能豐富和完善自己。

▌工作付出三種情

員工和企業、同事、老闆，與工作之間的關係，可以用感情、熱情、激情來概括。這三種情感連接著你的事業，你的努力，你的成功。

感情是熱情和激情產生的土壤。員工是企業的一分子，那麼必須樹立主人翁的意識，這不僅是對員工責任感的培養和要求，更是讓員工能把自己的事業和成功與企業連繫起來。只有當一個員工對任職的企業，對所從事的工作產了感情，他才會忠誠於公司，也忠誠於職業；他才會負起責任來；他才會展現敬業的精神；他才會投入熱情；他才會在工作中激發內心的熱情……

一個年輕人曾這樣說：「說實話，工作了這麼長時間了，我也不知道自己到底從中學到了什麼，每天主管要求我做什麼事情，我就會按照他的要求去做，從來沒有想過這個工作是否適合我，我到底在這個公司能有多大的發展。只知道為了生存，我還必須在這個公司做下去。時間長了，我

第一章 端正態度，明白你在為誰工作

就對這種機械式的工作方式感到厭倦了，每天提不起精神來，工作對我而言，已經成為平淡無味的東西了。」

透過年輕人的話，你可以看到了他所存在的問題。他很茫然，因為他不知道自己適合從事哪一行。一個只是為了生存而勉強工作的人，他怎麼可能對工作產生感情，進而對公司產生感情；一個無法產生感情的工作，熱情和激情就沒有了激發的突破口。唯一存在的理由就是生存，就是謀生。在這個前提下，完全可以想見他的工作狀態會是什麼樣的。

對工作的感情，簡單地說，就是你願意為工作付出你的一切努力，它寄託了你的喜怒哀樂，成了你的一種生活方式。就像上面我提到的那個年輕人一樣，他不認為那份職業就是他的事業，他不願意為之付出自己的努力，只是在得過且過，他已經對工作產生了厭煩。那最好的辦法就是重新選擇一份適合自己的工作。

一個人在同一個環境中待得久了，就似乎不可避免地產生厭煩心理，究其原因，是因為他們的熱情在減少，已經不想剛開始時那麼高漲了。很多人都會在一開始熱情萬丈，但持續的時間卻很有限，這時因為他沒有從工作中找到樂趣、尊嚴、成就感以及和諧的人際關係，缺少這些，即使是你喜歡的工作，沒多久你也會失去工作的熱情。

熱情對於一個員工來說就如同生命一樣重要，也是成為一名好員工的可貴素養。正如拿破崙‧希爾（Napoleon Hill）所說：「要想獲得這個世界上的最大獎賞，你就必須擁有過去最偉大的開拓者所擁有的將夢想轉化為全部有價值的獻身熱情，以此來發展和銷售自己的才能。」熱情是一種動力，在你遇到逆境、失敗和挫折的時候，它會給你力量，指引你去行動，去奮鬥，去邁向成功。憑藉熱情，我們可以把枯燥無味的工作變得生動有趣，使自己充滿活力，充滿對事業的狂熱追求；憑藉熱情，我們可以感染

周圍的同事，獲得他們的理解和支援，擁有良好的人際關係；憑藉熱情，我們可以發掘出自身潛在的巨大能量，補充身體的潛力，發展一種堅強的個性；憑藉熱情，我們更可以獲得老闆的賞識、提拔和重用，贏得珍貴的成長和發展的機會。

熱情的態度是做任何事的必要條件。熱情是一個人保持高度的自覺，把全身的每一個細胞都啟動起來，完成他心中渴望的事情；是一種強勁的情緒，一種對人、事物和信仰的強烈情感。工作中需要注入巨大的熱情，只有熱情才能取得工作的最大價值，取得最大的成功。

保羅是一家公司的採購員，工作非常勤奮，有一種近乎狂熱的熱情。他所在的部門並不需要特別的專業技術，只要能滿足其他部門的需求就可以了。但保羅千方百計找到供貨最便宜的供應商，買進上百種公司急需的貨物。

保羅兢兢業業地為公司工作，節省了許多資金，這些成績是大家有目共睹的。在他 29 歲那年，也就是他被指定採購公司定期使用的產品的第一年，他為公司節省的資金已超過 80 萬美元。

公司副總經理知道這件事後，馬上就增加了保羅的薪水。保羅在工作上的刻苦努力博得了高級主管的賞識，使他在 36 歲時成為這家公司的副總裁，年薪超過 50 萬美元。

對於職場人而言，當你正確地認知了自身價值和能力以及其社會責任時，當你對自己的工作有興趣感到個人潛力得到發揮時，你就會產生一種肯定性的情感和積極態度，把自覺自願承擔的種種義務看作是「應該做的」，並產生一種巨大的精神動力。即使在各種條件比較差的情況下，非但不會放鬆自己的要求，反而會更加積極主動地提升自己的各種能力，創造性地完成自己的工作。

第一章　端正態度，明白你在為誰工作

　　這就是熱情激發出的激情。熱情好比是帆，激情就是吹動帆的風。有帆船固然可以正常航行，但如果有風相助，那船就可以乘風破浪、逆流而上。生活告訴我們，靈感可以催生不朽的藝術，激情能夠創造不凡的業績。

　　對待工作的激情不是心血來潮、興之所至，而是一種覺悟、追求和境界。我常欽佩那些熱心布道、傳福音的牧師。每當黎明來臨時，他們就準備好了，去從事自己最熱愛的工作。他們把布道看作是自己的職責，是上帝賦予自己的責任，並從中得到滿足與快樂。正是這種富有詩意的心態、愉快樂觀的精神、飽滿的生活熱情，使得牧師們把傳教的日常工作，看成是充滿熱情與成就感的事業，並身體力行，受到了當地人們的尊敬歡迎。

　　著名人壽保險推銷員法蘭克·派特正是憑著超人的工作熱情，從一名退役的棒球手創造了保險行業的銷售奇蹟的。法蘭克·派特在打球時就因為動作無力，缺乏熱情，而被當時的球隊開除。球隊經理告訴他，如果他還像這樣缺乏熱情，那他的棒球生涯就快要結束了。後來，他參加了阿特蘭特球隊（CF Atlante），月薪從 175 美元減為 25 美元，薪水很少，激發不了他的打球熱情，但他還是決定試一試。後來又轉到了另一個隊。他想成為最有熱情的球員，結果他做到了。他是這樣描述的：「我一上場，就好像全身帶電一樣。我自信地站在球場上，我認為沒有人能擊敗我。我強力地擊出高球，使接球的人雙手都麻木了。記得我有一次以強烈的氣勢衝入三壘，那位三壘手嚇呆了，球漏接了，我就盜壘成功了。當時氣溫高達攝氏 38 度，我仍然在球場上奔來跑去，其實，當時我極有可能中暑倒下去。」

　　後來，他退役後進入了保險行業。在 10 個月令人沮喪的推銷之後，他被戴爾·卡內基（Dale Carnegie）先生一語驚破。卡內基說：「派特，你毫無生氣的言談怎麼能使大家感興趣呢？」於是他決定以他加入球隊打

球的熱情投入到做推銷員的工作中來。有一天，他進了一個店鋪，充滿熱情地說服店家買保險。店家大概從未遇到過如此熱情的推銷員，只見他挺直了身子，睜大眼睛，一直聽派特把話說完，最終他沒有拒絕推銷，買了一份保險。從那天開始，他真正地展開推銷工作了。在 12 年的推銷生涯中，他目睹了許多的推銷員靠熱情成倍地增加收入，同樣也目睹更多人由於缺少熱情而一事無成。

一項工作從事的時間久了往往容易有倦怠，但如果你善於發掘，你就會有許多新鮮感。我的建議就是你要和你的工作談戀愛。首要條件就是，你得愛上它。不斷地發掘它的魅力，不斷地去征服它。

工作會帶給你的那種新境界是非常有魔力的，在這個過程中你透過學習、實踐、犯錯、改正、創新不斷了解並掌握要害，從而征服它，這種滿足感是任何詞彙都無法形容的。

另外，要想保持對工作持久的新鮮感，首先必須改變工作只是一種謀生手段的認知，把自己的事業、成功和目前的工作連結起來，要經常問自己：「你在為誰工作？」其次，給自己不斷樹立新的目標，挖掘新鮮感；把曾經的夢想揀起來，找機會實現它。審視自己的工作，看看有哪些事情一直拖著沒有處理，然後把它做完……

在你解決了一個又一個問題後，自然就產生了一些小小的成就感，這種新鮮的感覺就像是讓熱情的最佳良藥每天都陪伴自己。

▋接受工作的全部

美國獨立企業聯盟主席法里斯年少時曾在父親的加油站從事汽車清洗和打蠟工作，在這裡工作期間他曾碰到過一位難纏的老太太。每次當法里斯幫她把車弄好時，她都要再仔細檢查一遍，讓法里斯重新打掃，直到清

第一章　端正態度，明白你在為誰工作

除每一點棉絨和灰塵，她才滿意。

後來法里斯受不了了，他的父親告誡他說：「孩子，記住，這是你的工作！不管顧客說什麼或做什麼，你都要記住做好你的工作，並以應有的禮貌去對待顧客。」

「記住，這是你的工作！」說得多好啊！當你選擇了清洗和打蠟這個工作時，就必須接受它的全部，就算是屈辱和責罵，那也是這個工作的一部分。如果說一個清潔工不能忍受垃圾的氣味，他能成為一個合格的清潔工嗎？其實不僅僅是清潔工如此，任何職業都是如此。

有一位大學生，剛畢業的時候來到一家廣告公司做業務員，他的主要工作是透過電話連繫指定客戶，然後再去拜訪那些有廣告意願的客戶。在辦公室裡電話連繫客戶是很輕鬆的，可是每當要出去和客戶面談的時候，他就有些不願意了，因為那時外面的溫度很高，而且有些公司的地址在郊區，十分不方便，不僅要轉幾趟車，甚至還要步行。後來，他想了想：這是自己的工作，既然選擇了跑業務，就必須接受它的全部，和客戶面談也是工作的重要一部分，又怎麼能不去呢！

如今，這位大學生已經成為一家跨國公司的銷售總監了。回顧那段在廣告公司做業務員的時間時，他說：拜訪客戶的經歷讓我學到了很多，比如如何面對客戶、如何與人溝通和交流「記住，這是你的工作！」我覺得每個人都應該把這句話作為自己的座右銘。美國前教育部長曾說：「工作是需要我們用生命去做的事！」對於工作，我們絕不能懈怠、輕視和踐踏它，而應該用感激和敬畏的心情，把它做得更好，而且也能做得更好！

當我們選擇一項工作的時候，我們不僅僅是選擇做這項工作的好處和快樂，同時也選擇了這份挑戰和迎接可能會遇到的困難。

「我最適合做什麼工作？」這樣捫心自問的人並不多，一般人沒有資

格這樣問，現階段就業壓力如此之大，能找到一份工作已經很不錯了，哪裡還容得你挑三揀四？除非你具有相當專業水準、有人所不具有的操作技能，許多情況下，你別無選擇。

「別無選擇」，也是你所認可的，否則，你為什麼不辭職？為什麼不想方設法換個你更喜歡的工作呢？在沒有調換到新的職位之前，你所在的職位，就是你最好的選擇。

一旦接受了工作，態度比能力更重要，態度能決定工作品質和效率，有了好態度，有了熱心和熱情，說不定會讓你喜歡上一項剛開始還陌生的事業，並做出令人驕傲的成績來。

一個工作責任感強的人，如果不做技術類工作，一般的管理，只要用心去做，即使不能做到「最好」，「做好」應該也不難。一個合格的大學畢業生，做一個合格的稅務管理員沒什麼問題；除了電腦硬體維修和軟體發展，一個合格的大學生略加鑽研，足以勝任國稅機關其他工作，甚至做主管幹部。

在機關待久了、老油條了，覺得上下班也就是那麼回事，若工作太突出，別人會覺得你「有野心」，反而「木秀於林，風必摧之」。慢慢地，也就隨波逐流，反正跟著大家總沒錯。

有了些資歷能力，儘管不乏工作熱情，卻生出些倚老賣老的心境，工作不順心，免不了滿腹牢騷，遇到挫折，不開心的時候，就想放手不管，甩手不做了，工作效能因此打了折扣。

但是，我要告訴你的是，既然你選擇了這個職業，選擇了這個職位，就必須接受它的全部，而不僅僅是只享受它給你帶來的益處和快樂。

只要做一份工作，就必然會遇到苦難和挫折，這個時候，很多人的第一反應就是抱怨，推卸責任。但是，不管你怎樣選擇，我們怎麼可以只接

第一章　端正態度,明白你在為誰工作

受工作帶給我們的薪水和快樂,而不去承擔工作帶來的責任與壓力呢?

　　這個世界上,不管什麼樣的工作,背後都要付出巨大的努力和艱辛,體力勞動者,會因為工作環境不佳而感到勞累;在窗明几淨的辦公室裡工作的中層管理者,會因為忙於協調各種矛盾而身心疲憊;居於高位的主管者,有公司內部管理和企業整體營運的壓力。你無法想像一個總經理會說:「我只想簽個字就領高薪資,至於公司的年度利潤指標,這需要承擔太多的責任壓力,我受不了。」

　　如果說一個推銷員不能忍受客戶的冷言冷語和臉色,他能創下優秀的業績嗎?

　　只想接受工作的益處和快樂的人,是一種不負責任的人。他們在喋喋不休的抱怨中,在不情不願的將就中完成工作,必然享受不到工作的快樂,更無法得到升遷加薪的獎賞。

　　家豪是一家汽車修理廠的修理工,從進廠的第一天起,他就開始不停地發牢騷,什麼「修理這工作太髒了,看看我身上弄得這樣」,什麼「真累呀,我簡直討厭死這份工作了」……每天,家豪都是在抱怨和不滿的情緒中度過。他認為自己在受煎熬,在像奴隸一樣賣苦力。因此,家豪無時無刻不在窺視師傅的眼神與行動,有空隙,他便偷懶、摸魚,應付手中的工作。

　　轉眼幾年過去了,當時與家豪一同進廠的三名員工,各自憑著自己精湛的技術,或另謀高就,或被公司送進大學進修了,或被挖角了,只有家豪,仍舊在抱怨聲中做他的修理工作。

　　那些求職時念念不忘高位、高薪,工作時卻不能接受工作所帶來的辛勞、枯燥的人;那些在工作中推三阻四,尋找藉口為自己開脫的人;那些不能不辭辛勞滿足顧客要求,不想盡力超出客戶預期提供服務的人;那些失去熱情,工作任務完成得十分糟糕,總有一堆理由拋給老闆的人;那些

總是挑三揀四，對自己的工作環境、工作任務這不滿意那不滿意的人，都需要一聲棒喝：記住，這是你的工作！

記住，這是你的工作！我認為，應該把這句話告訴給每一個員工。不要忘記工作賦予你的榮譽，不要忘記你的責任，不要忘記你的使命。坦然地接受工作的一切，除了益處和快樂，還有艱辛和忍耐。

正如「世界上沒有不享受權利的義務，也沒有不盡義務的權利」。任何工作都有一體兩面，它能給你帶來益處，穩定的工作收入，讓你得以養家糊口；成功的感覺，讓你實現人生的價值，同時，它也會給你帶來痛苦和磨難。

熱愛自己的職位，工作會向你微笑，厭惡自己的工作，將會被工作所厭惡。接受工作，那麼就要接受工作的全部。

▌專心致志，全力以赴

無論你在企業中是中高層管理人員，還是一般員工，在面對工作的時候，都應該專心致志、全力以赴地投入，它會讓你有意想不到的收穫。

全力以赴是以身作則的員工身上最重要的品格。他們不論做什麼工作，擔任什麼職位，都會全力以赴去面對，不僅把工作任務完成得很好，提升了自我職場的含金量，並且給他人做出了榜樣。

上午 8 點鐘打卡，就盼望著下午 5 點鐘的下班鈴聲，這是許多企業員工的普遍心理。不管是管理人員還是一般職員，他們都把工作當作是兩個週末之間的插曲，並且喜歡說：「別太賣力啦！差不多就行了！」

我們隨處可見這樣的情景，隨時可以遇到類似的人。這是他們對待自己的工作所呈現的一種態度，然而當他們看到其他人賺了大錢，開著小車，帶著名錶時，在心中既羨慕又嫉妒，不免抱怨連連，感嘆上天的不

公。他們把他人獲得成功的原因看作是命運或者機遇，卻並沒有看到他人成功背後的付出。

這個世界上沒有天生的贏家，只有付出才會有收穫，就如同種稻子一樣，只有辛勤的勞作，才能在秋天收割到金黃的稻穀。以身作則，用自己的行動為他人做出榜樣精神的好員工，之所以能成為深受老闆器重的員工，擁有比其他員工更多的晉升機會，以及廣闊的發展前景的祕密，在於他們知道只有付出才會有收穫，只有把工作做好才能獲得成功。因此，他們在面對工作的時候，總是專心致志，全力以赴。

小何與小林是在同一次招聘中進入現在這家公司的。從學歷、能力上來說，小何要略勝小林一籌。正如大多數老闆都喜歡聰明的員工一樣，這家公司的老闆在開始的時候要看重小何一些。小何他們進公司沒多久，部門的主管離職了，大多數的人都認為這個職位非小何莫屬。老闆卻有些難以做出決定，因為他覺得小林也不錯。為了能夠選出一個最合適的部門主管，這位老闆舉辦了主管競爭上任的活動。他在一次例會上宣布小何與小林為主管候選人，並且給了他們一個月的期限，到時由整個部門的同事根據他們這段時間的表現，投票選舉決定誰為主管。

轉眼間一個月的時間過去了，投票選舉結果出來了，選舉小林為主管的票數遠遠超過小何。老闆便當眾宣布小林為這個部門的新主管。

小何心中不服，認為自己的學歷和能力都要比小林強，他才是真正適合這一職位的最佳人選，認為這次選舉不公平。他去找老闆，把自己的想法說了出來。沒想到原本支持小何的老闆在這個時候變得支持小林，他對小何說，這次的選舉是公平公正的。他們這一個月的表現不但告訴了他，並且告訴了整個部門的所有員工，誰才是真正適合他們的主管。

究竟是什麼原因促使原本大有希望的小何與主管這一職位擦肩而過

呢？其實有著決定作用的並不是學歷和能力，而是他們面對工作的態度。小何輸就輸在沒有像小林那樣專心致志，全力以赴地工作，而是事事只求過得去、差不多就可以了。

我們只有用心去做一件事情才能真正地把事情做好，並且投入的越多所獲得的效果越好。身在職場中的每個人都應該認知到一個事實：那就是沒有哪一家公司的老闆歡迎不會給企業帶來任何經濟效益的人，同時他也不會虧待每一位能夠為企業創造效益的員工。這就是說在職場中獲得生存和發展的最扎實的基礎便是你是否能夠做好工作，為企業向前發展達到推動作用……你如果能把工作做得更好，那麼對企業向前發展推動的作用就越大，同樣你所收穫的就越多。

專心致志，全力以赴是把工作做得更好的祕訣所在。我想大多數人都有這樣一種經驗。當我們做一件事情時，如果三心二意，即使能把事情做完，結果還是與你所預想的有所出入，與預期的效果必定存在一定的距離。反之，當我們專心致志，全力以赴地投入，拋棄心中所有的雜念時，不但事情最終的結果會比我們所預期的更好，並且在執行的過程中，我們可以很容易解決出現的一些問題，甚至所花的時間要少得多。

專心致志，全力以赴是我們能把事情做得更好的一個有力保障。當我們在面對工作的時候，專心致志，全力以赴必定能創造出更好的成績。老闆所喜歡的就是像這樣用心投入的員工，因為你的這種精神狀態，不僅會讓你把工作做得更好，同樣會影響到他人。

作為一名好員工，不管做什麼樣的工作都要專心、細心、耐心和用心，無論做什麼工作都不要輕率疏忽，要全力以赴以求達到最佳境地。

第一章 端正態度，明白你在為誰工作

對你的公司心存感恩

感恩是一種積極健康的心態。當你以一種感恩的心情去工作、去面對所有人時，就會在工作時擁有愉快的心情，而這一點對職場中的每個人來說都是至關重要的。有過體驗的人都知道，一份好心情往往會讓你的工作更出色！

有一句話說得好：企業給員工以機會，員工還企業以忠誠。只要你帶著感恩的心情，快樂地工作，任何一家企業都願意為你敞開大門！

不管是哪一家公司的老闆，誰不對知恩圖報的人更加青睞呢？主管當然也更願意提攜那些一直對公司存感恩之心的員工。同事們同樣更願意幫助那些心存感恩的人。因為這樣的員工不但明白事理，容易相處，而且對工作更熱情，尤其是對公司更加忠誠！

微軟總部的辦公大樓裡有一位臨時雇傭的清潔女工，在整個辦公大樓幾百名雇員裡，她是工作量最大、拿薪水最少的人。而且，她也是唯一沒有任何學歷的人。

可是她卻是整座辦公大樓裡最快樂的人！每一分鐘她都在快樂地工作著；見到任何一個人她都面帶微笑；對任何人的要求哪怕不是自己工作範圍之內的，自己不知道能不能幫上忙的，她都會愉快並努力跑去幫忙。

周圍的同事也很快被她感染，沒有人在意她的工作性質和地位，有很多人都願意和她交朋友，甚至包括那些公認的冷漠的人！熱情是可以傳遞的，她的熱情就像一團火焰，慢慢地整個辦公大樓都在她的影響下快樂了起來。

總裁比爾蓋茲（Bill Gates）很驚異，一次，他忍不住問她：「能否告訴我，是什麼讓您如此開心地面對每一天呢？」「因為我在為世界上最偉大的企業工作！」女清潔工自豪地說，「我沒有什麼知識，我很感激公司能

給我這份工作，讓我有不菲的收入來讓我的女兒讀完大學。而我唯一可以回報的，就是盡一切可能把工作做好，一想到這些，我就非常開心。」

比爾蓋茲被女清潔工那種感恩的情緒深深打動了，他動情地說：「那麼，您有沒有興趣成為我們當中正式的一員呢？我想你是微軟最需要的。」「當然，那可是我最大的夢想啊！可是我沒有學歷呀！」女清潔工睜大眼睛道。

比爾蓋茲給了她學習和發展的機會。此後的幾個月裡，女清潔工被安排用工作的閒暇時間學習電腦知識，而公司裡的任何人都樂意幫助她。後來她真的成了微軟的一名正式雇員！

在工作中，我們都應該懷著感恩的心，做好自己的工作。因為老闆信任並提供給我們一份薪水和一個工作平臺，我們就應該責無旁貸地承擔起應有的工作職責。

做一名心存感恩的員工，你應該做到以下幾點：

- **真誠付出**：如果你選擇了為某一個老闆工作，那就真誠地、負責地為他付出吧！每天都為公司多著想，把公司的事當作自己的事，把對老闆的忠誠化為動力，投入到你的工作中。感恩老闆，就要稱讚他、感激他、支持他，不等老闆交代，就把應該做的事做好。

- **控制行為**：許多事情是我們無法控制的，但我們至少可以控制自己的行為。如果不對自己的工作行為負責，我們便不可能對自己的未來負責。對待工作，是充滿責任感、盡自己最大的努力，還是敷衍了事，這一點正是事業成功者和事業失敗者的分水嶺。事業成功者無論做什麼，都力求盡心盡責，絲毫不會放鬆，無論做什麼職業，都不會輕率疏忽。只有這樣的人，才會把工作做得盡善盡美，實際完成的工作，往往比他原來承諾的還要多，品質還要高。這樣的員工，老闆哪會不喜歡？

- **回報他人**：常懷感恩之心，我們便會更加感激那些有恩於我們的每一個人。正是因為他們的存在，我們才有了今天的幸福和喜悅。常懷感恩之心，就要把給予別人更多的幫助和鼓勵視為自己最大的快樂，對那些需要幫助的人們伸出援助之手，而且不求回報。常懷感恩之心，才會對別人、對環境少一分挑剔，而多一分欣賞；也才會對老闆的給予念念不忘，時刻想著努力工作來回報他。

- **擔起責任**：感恩老闆，就要擔起工作的職責。老闆會因為你能勇於承擔責任而重用你；相反，敷衍搪塞，推諉責任，找藉口為自己開脫，不但不會得到理解，反而會讓老闆覺得你既缺乏責任感，又不願意承擔責任。沒有誰能做得盡善盡美，但是如何對待自己的工作職責，則能反映出一個人是否是在真誠地感激老闆。

我能為公司做什麼

現在，如果一個員工還抱著「不求有功，但求無過」的心態去做事情，其職業生涯的前景怕是很難樂觀。對員工來說，只有工作業績最能證明你的工作能力，充分展現你的個人價值。因為，只有每一個員工的個體價值得到提升，公司的整體價值才能得到提升，也才會長期發展。

張政明和王強華是一家公司品質檢測中心的新員工，他們的工作內容就是負責對公司生產的產品做樣品抽查、資料保存和分析。王強華立志在公司做出點名堂，他接二連三地敲開老闆辦公室的門，提出一個又一個建議或意見，讓老闆臉上的笑容日益減少。張政明是另一種做事風格，在他看來，光說不練是沒用的，為公司做出貢獻才是最實際的。

在平常的工作中，張政明不僅以最高標準要求自己，還特別留心將不計入分析的抽查資料保存起來，每一個月做一次報表統計。除了彌補公司

分析材料的不足，還可以直接作為公司產品升級依據。

這份報告在第二年的年度產品改造和重組計畫中發揮了重要作用，公司主管對這份報告非常重視，說張政明為公司做出了不可磨滅的貢獻。公司按照他的報告調整產品後，在優勢市場上繼續所向披靡，在原先市場占有率不是很高的地區也開始呈現上升的趨勢。

一個統計季度下來，張政明實實在在地為公司創造了 1,300 多萬元的利潤。他本人也因為對公司的突出貢獻而晉升為主任，薪水隨之有了大幅度的提升。他為公司作貢獻的步伐並沒有停止，上個季度，他還帶領他的團隊為中心開發了一套全程監控系統。

像張政明那樣一心為企業作貢獻，創出業績的員工很多很多，也正是有了這樣的好員工，企業的利潤才能不斷攀升。但不可忽視的是，像王強華一樣的員工也不在少數，他們對公司各方面的建設都非常熱心，一旦發現什麼缺憾，他們會立刻提出建議。但是他們忽略了一個基本的事實，那就是怎麼做才是真正為企業「好」，怎麼做才是「添油加火」，而不是「閒坐釣魚臺，空手點江山」。

有的員工只想著「將來我能拿多少錢？能接受什麼培訓？能享受哪些福利？」而不是先考慮「我能為公司做些什麼，創造什麼價值？」這種對待工作的態度是非常有害的，尤其對初入職場的年輕人更是如此。在對企業有所要求的同時，首先應該正確客觀地評價自己。

企業靠什麼生存？靠所有的員工卓越完成公司下達的任務，而不是靠大家輕鬆地談談天，喝喝咖啡之類的。如果你每月還能按時領到一定的薪水，肯定不是因為別的什麼，而是因為你完成了這個職位規定的任務。

真正的人才是積極想辦法為企業創造財富的人。哪怕你是技術、能力最強的一個，但並不能表明你是最有價值的員工。只有那些有長遠目標，

第一章 端正態度,明白你在為誰工作

有想法,有創意,能為公司在業績上做出貢獻的員工才是最棒的。

劉秀梅是一家大型建築公司的設計師,常常要跑工地,看現場,還要經常修改方案細節,工作極為辛苦,但她毫無怨言。雖然她是設計部唯的一女性,但她仍然和男同事一樣,事事不落人後,也從不逃避體力的工作。

有一次,公司安排她為一名客戶做一個可行性的設計方案,時間只有3天。接到這項艱巨的任務後,她一直處於一種極為興奮的狀態,滿腦子想的都是如何把這個方案做好。她到處查資料,虛心向別人請教。

雖然熬得眼睛布滿了血絲,但她還是準時把設計方案圓滿地完成,並受到公司的嘉獎。因為劉秀梅做事積極主動、工作認真,公司不但將她升遷,還將她的薪水翻了一倍。

企業是根據一個員工的工作業績來確定其工作價值,並不是說出的力氣大、學歷越高,你得到的報酬就越多,而是要看員工個人所貢獻出的最終勞動成果。

有些公司沒有什麼固定不變的管理制度,但它卻是一個高效率的公司,沒有多少中間環節,只以解決問題為最終的目的。如果說規章制度是為保證完成工作而制定的話,那麼工作任務就是這個公司的規章制度。公司從上到下就一句話:我只要結果。

這種看似不近人情的管理方式其實最深入企業管理的本質:員工是幫公司解決問題的,所以公司只要結果,不在乎過程;而公司為員工解決問題提供所有的幫助,資金方面的支持或者其他部門人員方面的配合。員工努力的方向,是在公司站住腳;公司努力的方向,是在市場上站住腳。

企業評價一個員工,主要是看員工能否給企業創造價值,創造多少價值。薪資的成長跟員工的業績是緊密相連的。在法律法規的範圍內,每個企業都根據自己的企業狀況制定有相對的薪資結構,企業根據職位範圍的

大小、工作的複雜及難易程度等來確定薪資的級別。

假如你做得很好，老闆一般不會輕易減薪。千萬不要等到自己薪資下降時，才意識到已面臨被辭退的尷尬境地。人都是會不斷成長的，企業也給員工的成長提供了一些培訓和幫助，除非是你自己不想再有任何發展。作為一名員工，要時時以經營績效為己任，努力為公司創造利潤，伴隨公司成長而成長。

利潤是所有企業得以發展的原動力，公司是一個以實現經濟利益為主要目標的經營實體，必須憑藉足夠穩固的利潤去不斷壯大發展。而要發展就需要公司所有員工都積極主動地把自己的全部力量和才智貢獻出來，為公司出謀劃策，並貫徹實行。

如果你只是一枚平淡無奇的小沙粒，沒有理由抱怨不被注意，因為你沒有被注意的價值。想要引起注意，想要有自己的立場和聲音，你先要站起來去為自己爭取「結果」。努力才能提升你的價值，成為閃亮的珍珠後你才能引人注意。

吸引人們加入麥當勞工作，不僅僅是完善的培訓體系，還有從零開始的快速晉升體制。在麥當勞，員工的晉升速度是根據自己的實際能力決定的，一位剛進入職場的年輕人，完全可以憑藉自己的能力在一年半內當上餐廳經理，在兩年內當上管理人員。

員工可以清楚地看到他們在麥當勞的職業發展路徑，每一位有能力的員工都可以憑藉自己的努力得到提升。無論是收款、炸薯條或是做冰淇淋，每個職位上都有可能造就出未來的經理甚至總裁。對那些適應快、能力強的人再配以各個階段的培訓，晉升就是很自然的事了。

我們要認清這樣一個現實：公司不是慈善機構，老闆與職員也不是父母與孩子的關係。在企業付給你報酬的同時，你應該給企業幾倍甚至幾十

第一章　端正態度，明白你在為誰工作

倍、幾百倍的回報，最起碼，你為企業創造的價值要超過企業支付給你的報酬。每一個老闆都希望自己的員工能創造出優異的業績，而絕不希望看到員工工作賣力卻成效甚微。

真正有遠見的人懂得：工作，憑的是業績、是實力。想要成為職場中的佼佼者，想要超越其他人，就要毫不懈怠、竭盡全力地把你選擇的行業鑽研透澈。事實明確，品格優秀，業績又斐然的員工，是最令老闆傾心的。如果你在工作的每一階段，總能找出更有效率、更經濟的做事方法，你就能提升自己在老闆心目中的地位。

做事不認真，處處投機取巧，隨時擔心自己所耗費的精力和時間已經超過薪水的報酬。因為沒有額外的津貼，便不肯多動動手、多付出、不肯多提出一些改進的意見。這種員工，任憑他的學識怎麼豐富，本領怎麼大，也絕對不可能會有出頭之日。

我們首先要掂量自己的真正實力，站在公司的角度想一想，自己的價值會有多大，例如完成了多少專案、給公司創造了多少價值等，然後再想想這種價值是否與你的薪資相符。畢竟工作上的成就才是你獲得加薪的基礎。如果你創造的價值遠遠大於你的薪水，又何愁沒有得到的那一天。

有的員工愛抱怨工作繁重，薪水太少，卻很少能真正地反省一下自己。他們認知不到豐厚的報酬是建立在自己的工作業績上的，更意識不到利用工作機會來提升自己的能力，增強自己的實力，為自己日後謀取更好的待遇增加砝碼。

一個人工作，永遠都只是為他自己書寫人生履歷。只有付出大於得到，讓老闆真正看到你的能力和價值，你才有可能得到更多的機會創造更多的價值，同時你也找到了屬於自己的最好位置。

「我能為公司做什麼？」這應該是每一位員工從進公司那一刻就該明

白的事情。主動、積極、創造性地把屬於你的工作做到盡善盡美，你便會獲得「公司能給我什麼」的報酬。

一個員工，要想在公司裡占有一席之地，就要對自己所從事的工作的價值有更深入的理解，只有認定自己工作的價值，為公司賺取更多的利潤，才能在職場中穩操勝券。也就是說，能為公司賺錢的人，才是公司最需要的人。

突出的工作成績最有說服力，最能讓人信賴和敬佩。唯有如此，企業的航船才能在市場經濟的大海中，乘風破浪，越過激流，避開商戰「暗礁」，從而立於不敗之地。

今天工作不努力，明天努力找工作

大多數情況下，許多企業員工都會有這樣的抱怨：「我只拿這點錢，憑什麼去做那麼多工作，我做的工作對得起這些錢就行了。」「我們那個老闆太吝嗇了，只給我們開這麼點薪資。」「還有，經理做的工作也不比我多多少啊，可是他的薪水比我高出許多，他拿的多，就該做的多嘛，我只要對得起這份薪水就行了，多一點我都不做。」

抱怨老闆、抱怨工作時間過長、抱怨公司管理制度過嚴……。有時，抱怨的確能夠贏得一些善良人的寬慰之詞，使自己的內心壓力暫時得到一定的緩解。同時，口頭的抱怨就其本身而言，不會直接給公司和個人帶來經濟損失。但是，持續的抱怨會使人的思想搖擺不定，進而在工作上敷衍了事；抱怨使人思想膚淺，心胸狹窄，一個將自己頭腦裝滿了抱怨的人是無法容納未來的，這只會使他們與公司的理念格格不入，更使自己的發展道路越走越窄，最後一事無成，只好被迫離開。

看看我們周圍那些只知抱怨而不努力工作的人吧，他們從不懂得珍惜

第一章　端正態度，明白你在為誰工作

自己的工作機會。他們不懂得，豐厚的物質報酬是建立在認真工作的基礎上；他們更不懂得，即使薪水微薄，也可以充分利用工作的機會提升自己的技能。他們在日復一日的抱怨中，隨著歲長，而技能沒有絲毫長進。最可悲的是，抱怨者始終沒有清醒地認知到一個嚴酷的現實：在競爭日趨激烈的今天，工作機會來之不易。不珍惜工作機會，不努力工作而只知抱怨的人，總是排在被解僱者名單的最前面，不管他們的學歷是否很高，他們的能力是否能夠滿足基本的工作要求。

魏大強在這家商店服務已經多年了，但由於這家公司的老闆「目光短淺」，他的工作業績並未得到賞識，讓他感到非常煩悶，但同時，他似乎對自己很有信心：「像我這樣一個學歷不低、年輕有為的年輕人，還擔心找不到一個體面而有前途的工作嗎？」此時他正和一個同事說著，有位顧客走到他面前，要求看看襪子。可是他對這名顧客的請求不理不睬，仍在繼續發牢騷，雖然這位顧客已經顯出不耐煩的神情，但他還是不理。最後，等他把話說完了，才轉身對那位顧客說：「這裡不是襪子的專櫃。」那位顧客又問，襪子專櫃在什麼地方。這位年輕人回答說：「你找服務臺好了，他會告訴你怎樣找到襪子專櫃。」

幾年多來，這個內心憂鬱的可憐的年輕人一直不知道自己為什麼沒有遇到「伯樂」，沒有得到升遷和加薪的機會。不久，公司人員調整時，他被解僱了。幾個月後，魏大強一改往日的「意氣風發」，奔波在各個徵才活動之間。可是，時下經濟不景氣，找了幾個月都沒有找到滿意的。

企業作為一個經濟實體，以盈利為第一目的，為了達到這個基本目的，老闆們常常要解僱那些不努力工作的員工，同時也吸收新的員工進來，這是每天都會有的一些常規整頓工作。不管業務多麼繁忙，這種優勝劣汰的工作一直在進行之中，不僅僅是在經濟蕭條時期。那些無法勝任、

不忠誠敬業的人，都被擯棄於就業大門之外，唯有擁有一定的技能並且努力工作的人，才會被留下。

比爾蓋茲同樣是個危機感很強的人。當微軟利潤超過 20% 的時候，他強調利潤可能會下降；當利潤達到 22% 時，他還是說會下降；到了今天的水準，他仍然說會下降。他認為這種危機意識是微軟發展的原動力。微軟著名的口號「不論你的產品多棒，你距離失敗永遠只有 18 個月」，這正是危機意識的展現。

某集團的總裁曾說：十年來我天天思考的都是失敗，對成功視而不見，也沒有什麼榮譽感、自豪感，而是危機感。也許是這樣才存活了十年。我們大家要一起來想，怎樣才能活下去，怎樣才能存活得久一些。失敗這一天是一定會到來，大家要準備迎接，這是我從不動搖的看法，這是歷史規律。

其實，不僅僅是企業、企業家要有危機感，作為員工，更要有危機感。這種危機感的展現就在於對工作的珍惜程度，危機感強的員工，總會對工作倍加珍惜，因為他知道，如果自己不珍惜工作，不時刻保持危機感，自己的位置就有可能被別人替代，自己不珍惜工作，就會如同溫水中的青蛙，面臨被企業淘汰的命運。

「今天工作不努力，明天努力找工作」，這句話多年前很多朋友都在人才市場看到過，這反映了人們對工作的危機感。企業之間占有市場領地的競爭日趨激烈，高學歷、高能力的人才大批湧入社會，「能者上，平者讓，庸者下」的理念，越來越被人們所接受。與此同時就業壓力的增大，各行的在職人員倘若不稱職，隨時會有失業的可能。

要想不失業，唯一的辦法就是珍惜自己現在擁有的工作，不斷地努力學習，不斷地提升自己的技能。只有這樣，你才有可能在以後的競爭中立

第一章　端正態度，明白你在為誰工作

於不敗之地，才能更好地發展自己的事業。「今天我努力工作」，這不僅是一名員工對待工作的態度，更是減少後顧之憂，拓寬未來之路的最佳手段。

試想我們不去努力工作、學習，試想我們離職甚至失業後的情況，那時我們不再有年齡的優勢，不再有蓬勃的朝氣，更不具備高學歷、高能力，我們如何就業、如何生存！到那時我們面臨的將不再是單純的努力找工作，還要努力學習，努力適應新的行業，努力面對一系列的社會難題。

努力工作就是成全自己，工作要有責任感、使命感，更要有危機感、壓力感。努力工作的關鍵就是要珍惜自己的職位，力爭把自己鍛鍊成職位能手。

非常遺憾的是，很多人工作時候不努力，總是在失業之後才恍然大悟，在找工作的艱難中才想到自己以前應該好好工作，這時已為時已晚。更可悲的是，很多人就這樣「今天工作不努力，明天努力找工作」地重複著，他們很少認為是自己錯了，更多地責怪公司和主管。

今天，年輕人更要有這種憂患意識和危機意識，好好珍惜自己現在擁有的工作，在工作職位上精心謀事、潛心做事、專心做事，把心思集中在「想做事」上，把本領用在自己的本職工作上。

現在是一個講效率的社會，沒有一個公司能夠在效率低下的狀況下得到發展。所以，這些公司必然會讓那些工作不努力的人離職。無論你在什麼性質的公司工作，你都不要抱著僥倖的心理，認為大家都是這樣，能混一天算一天。到頭來，你還是難以逃脫被裁員的命運。

所以，「今天工作不努力，明天努力找工作」這句話現在已成為大眾的「警世良言」了。在意的人牢牢記在心裡，並付諸行動。今天不努力工作是容易做得到的，明天努力找工作卻是很難做得到。與其明天努力找工作，不如今天好好努力工作。

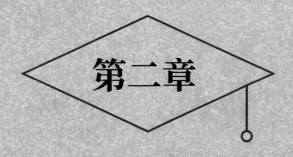

第二章

專注工作，工作是與生俱來的使命

哲學家亞當‧史密斯（Adam Smith）說過：「再大的學問，也不如聚精會神來得有用。」作為一個好員工，你需要有意識地清除頭腦中分散注意力、產生壓力的想法，使你的思維完全進入眼前的工作狀態。把你的注意力集中在最需要你關心的事情上來，這樣做的目的只有一個，那就是促使工作獲取更好的結果。

▍專注是獲取結果的重要要素

作為一個員工，你需要有意識地清除頭腦中分散注意力、產生壓力的想法，使你的思維完全進入眼前的工作狀態。把你的注意力集中在最需要你關心的事情上來，這樣做的目的只有一個，那就是促使工作獲取更好的結果。

哲學家亞當·史密斯（Adam Smith）說過：「再大的學問，也不如聚精會神來得有用。」這正是法國文豪大仲馬（Alexandre Dumas）的最佳寫照。大仲馬一生所創作的作品高達 1,200 部之多。這個數字，幾乎是蕭伯納（George Bernard Shaw）、史蒂芬等名作家的 10 倍。大仲馬總是聚精會神地忙於寫作，只要一提起筆，就會忘記吃飯這件事，就連朋友找他，他也不願放下手上的筆，他總是將左手抬起來，打個手勢以表示招呼之意，右手卻仍然繼續寫著。

「大多數人花了一個鐘頭當中的 58 分鐘來思考過去及預期未來，而只有 2 分鐘的時間是用來專注於當下的工作。」這是史丹佛大學提出的一個研究報告。這在以追求效益為己任的企業內部，思想飄蕩、不在乎結果的員工是絕對沒有生存空間的。

注意力轉移的原因很多，外部因素可能是環境太雜亂，內部因素是你本身渙散了注意力，失去了工作興趣或由於你精力、體力衰弱而引起。

- **不被其他事物吸引**：想要在工作習慣上有所突破，先要考慮的是：「我想做什麼事？」或是「我想成為什麼樣的員工？」有了這種強烈的目的意識，你才會集中精力，並調動過去累積的知識和經驗，在有意或無意中使你所關心的事情有所突破。

工作環境很重要，要排除那些妨礙集中思想的客觀刺激源。當精神高

度集中於某一主題時，突然從旁邊傳來了收音機或電視機的聲音，這樣注意力當然就很難集中了。

- **預先定好工作期限**：做某件事情時要在心中為自己設定一個截止日期。「什麼時候都行」就等於「什麼時候都不能完成」。因此將自己完全投入到工作中去，引起一種精神上的興奮，就可以增加專注的動力。

- **饒有興趣地開始你的工作**：興趣、愛好是一種天然的專注動力，它使人勤奮，使人堅持不懈地做下去。人們在從事自己所喜愛的事情時，總是感到有一種莫名的興奮感和滿足感。即使有一些壓力的那種日常的機械性重複工作或職業，對於一個有興趣的員工來說也是一種寬慰和快樂。

  當你集中精力、專注於眼前的工作時，你還會發現你的精力是如此充沛，可最高效地優先完成手中的工作。

- **不要陷入「視野狹隘」**：有時，儘管你非常專注眼前的工作，但該工作還是無法做好。這就是所謂的「視野狹隘」心理。

一位生物學家仔細觀察研究蝗蟲的腳關節，這本來只是屬於解開生物學上某個問題的一環。隨著研究的深入，生物學家對蝗蟲的腳產生了興趣，便全神貫注投入蝗蟲腳關節的研究中，腦中再也容不下其他的問題。結果，不知不覺中忘了剛開始想要研究的生物學上的題目。

人越投入在某件事情上越容易陷入，而無法看清楚其他。為了避免陷入這種「視野狹隘」，必須暫時離開工作的現場，從第三者的立場客觀地反省目前的工作。

第二章　專注工作，工作是與生俱來的使命

▎全心全意愛上自己的工作

　　有一位心理學家曾經做過這樣一個實驗：他把 18 名學生分成甲乙兩個小組，每組 9 人，讓甲組的學生從事他們感興趣的工作，乙組的學生從事他們不感興趣的工作。沒過多長時間，情況就不同了，從事自己不感興趣工作的乙組同學開始出現小動作，一會兒就抱怨頭痛、背痛，而甲組學生正做得起勁呢！這個實驗證明：人們疲倦往往不是工作本身所造成，而是因為對自己從事的工作產生了乏味、焦慮和氣餒的感覺，這種感覺消磨了人對工作的活力和幹勁。

　　敬業的前提條件是要熱愛你的工作，要是你不喜歡也不熱愛你的工作，在工作的時候沒有飽滿的熱情，你的敬業精神也就無從談起。

　　當我們在做自己喜歡做的事情的時候，很少感到疲倦，很多人都有這種感覺。例如週末的時候你到河邊去釣魚，在河邊坐了整整 11 個小時，但是你一點都不覺得累，為什麼？因為釣魚是你的興趣所在，從釣魚中你享受到了快樂。要是你從事著你不喜歡的工作，不要說工作 11 個小時，可能工作 1 個小時你心裡就早盼望著下班了。其實產生疲倦的主要原因，是對生活厭倦，是對某種工作特別厭煩。這種心理上的疲倦感往往比肉體上的體力消耗更讓人難以支撐。

　　你只有像喜歡釣魚的人一樣喜愛你的工作，你才能熱愛你的工作並做好你的工作。在釣魚的工作中你能得到樂趣，在工作中你也同樣能得到樂趣。是否竭盡全力，是否積極進取，就能表現出你是否熱愛工作。竭盡全力，積極進取是敬業精神的核心。

　　一個人無論從事何種職業，都應該竭盡全力，積極進取，盡自己最大的努力，追求不斷的進步。這不僅是工作原則，也是人生原則。一旦領悟了全力以赴地工作能消除工作辛勞這一祕訣，那你就掌握了打開成功之門

的鑰匙了。能處處以竭盡全力積極進取的態度工作，就算是從事最平庸的職業也能增添個人的榮耀。

有一個年輕人去拜訪畢業多年未見的老師。老師見了年輕人很高興，就詢問他的近況。這一問，引發了這個年輕人一肚子的委屈。他說：「我對現在做的工作一點都不喜歡，與我學的專業也不相符，整天無所事事，薪資也很低，只能維持基本的生活。」

老師吃驚地問：「你的薪資如此低，怎麼還無所事事呢？你應該努力工作增加自己的收入啊！」

「我沒有什麼事情可做，又找不到更好的發展機會。」年輕人無可奈何地說。

「其實並沒有人束縛你，你不過是被自己的思想抑制住了，明明知道自己不適合現在的位置，為什麼不去再多學習其他的知識，找機會提升自己呢？」老師勸告年輕人。

年輕人沉默了一會說：「我運氣不好，什麼樣的好運都不會降臨到我頭上的。」

「你天天在夢想好運，而你卻不知道機遇都被那些勤奮和跑在最前面的人搶走了，你永遠躲在陰影裡走不出來，哪裡還會有什麼好運。」

老師鄭重其事地說，「一個沒有進取心的人，永遠不會得到成功的機會。」

如果一個人把時間都用在了閒聊和發牢騷上，就根本不會想用行動改變現實的境況。對於他們來說，不是沒有機會，而是缺少進取心。當別人都在為事業和前途奔波時，自己只是茫然地虛度光陰，根本沒有想到去跳出盲點，結果只會在失落中徘徊。從今天起，以飽滿的熱情全心全意地熱愛你的工作吧！這樣你才能振作起來，你的前途將充滿光明。

第二章　專注工作，工作是與生俱來的使命

▌對待工作全力以赴

作為一個好員工，在工作中應該嚴格要求自己，能做到最好，就不能允許自己只做到一般好；能完成 100%，就不能只完成 99%。不論你的薪資是高還是低，你都應該保持這種良好的工作作風。作為一名好員工，你應該把自己看成是一名傑出的藝術家，而不是一個平庸的工匠，應該永遠帶著熱情和信心去工作，應該全力以赴，不找任何藉口。得過且過的人在任何一個組織都不被老闆賞識，更不會成為企業的好員工。

查姆斯在擔任公司銷售經理間曾面臨著一種最為尷尬的情況：該公司的財政發生了困難。這件事被在外頭負責推銷的銷售人員知道，開始失去了工作的熱忱，銷售量開始下跌。到後來，情況更嚴重，銷售部門不得不召集全體銷售員開一次大會，全美各地的銷售員皆被召去參加這次會議。查姆斯先生親自主持了這次會議。

首先，他請手下最佳的幾位銷售員站起來，要他們說明銷售量為何會下跌。這些被喊到名字的銷售員一一站起來以後，每個人都有一段最令人震驚的悲慘故事要向大家傾訴：商業不景氣，資金缺少，人們都希望等到總統大選揭曉以後再買東西等等。

當第五個銷售員開始列舉使他無法完成銷售配額的種種困難時，查姆斯先生突然跳到一張桌子上，高舉雙手，要求大家肅靜。然後，他說道：「停止，我命令大會暫停 10 分鐘，讓我把我的皮鞋擦亮。」

然後，他命令坐在附近的一名黑人小工友把他的擦鞋工具箱拿來，並要求這名工友把他的皮鞋擦亮，而他就站在桌子上不動。

在場的銷售員都驚呆了。他們有些人以為查姆斯先生發瘋了，人們開始竊竊私語。在這時，那位黑人小工友先擦亮他的第一隻鞋子，然後又擦另一隻鞋子，他不慌不忙地擦著，表現出第一流的擦鞋技巧。

皮鞋擦亮之後，查姆斯先生給了小工友一毛錢，然後發表他的演說。

他說：「我希望你們每個人，好好看看這個小工友。他擁有在我們整個工廠及辦公室內擦鞋的特權。他的前輩是位白人小男孩，年紀比他大得多。儘管公司每週補貼他 5 元的薪水，而且工廠裡有數千名員工，但他仍然無法從這個公司賺取足以維持他生活的費用。」

「這位黑人小男孩不僅可以賺到相當不錯的收入，既不需要公司補貼薪水，每週還可以存下一點錢來，而他和他的前任的工作環境完全相同，也在同一家工廠內，工作的對象也完全相同。」

「現在我問你們一個問題，那個白人小男孩拉不到更多的生意，是誰的錯？是他的錯還是顧客的錯？」

那些推銷員不約而同地大聲說：

「當然了，是那個小男孩的錯。」

「正是如此。」查姆斯回答說，「現在我要告訴你們，你們現在推銷收銀機和一年前的情況完全相同：同樣的地區、同樣的對象以及同樣的商業條件。但是，你們的銷售成績卻比不上一年前。這是誰的錯？是你們的錯？還是顧客的錯？」

同樣又傳來如雷般的回答：

「當然，是我們的錯！」

「我很高興，你們能坦率承認自己的錯。」查姆斯繼續說：「我現在要告訴你們。你們的錯誤在於，你們聽到了有關本公司財務發生困難的謠言，這影響了你們的工作熱忱，因此，你們就不像以前那般努力了。只要你們回到自己的銷售地區，並保證在以後 30 天內，每人賣出 5 臺機器，那麼，本公司就不會再發生什麼財務危機了。你們願意這樣做嗎？」

大家都說「願意」，後來果然辦到了。那些他們曾強調的種種藉口：

第二章　專注工作，工作是與生俱來的使命

商業不景氣，資金缺少，人們都希望等到總統大選揭曉以後再買東西等等，彷彿根本不存在似的，統統消失了。

每個公司的老闆希望自己的員工能以積極、熱情、認真的態度去工作，他們認為這樣的員工是公司進步的動力。

大部分員工都不知道職位的晉升是建立在忠實履行日常工作職責的基礎上的。只有全力以赴、盡職盡責地做好目前所做的工作，才能使自己漸漸地獲得價值的提升。相反，許多人在尋找自我發展機會時，常常這樣問自己：「做這種平凡乏味的工作，有什麼希望呢？」

可是，就是在極其平凡的工作職位上，往往蘊藏著巨大的機會。只要把自己的工作做得比別人更完美、更專注，調動自己全部的智力，全力以赴，從舊事中找出新方法來，就能引起別人的注意，自己也才會有發揮本領的機會，以滿足心中的願望。

小張在某貿易公司上班，他很不滿意自己的工作，憤憤不平地對朋友說：「我的老闆一點也不把我成在眼裡，改天我要對他拍桌子，然後辭職不做。」

「你對於公司業務完全弄清楚了嗎？對於他們做國際貿易的竅門都搞通了嗎？」他的朋友反問。

「沒有！」

「君子報仇十年不晚，我建議你好好地把公司的貿易技巧、商業文書和公司營運完全學通，然後辭職不做。」朋友說，「你用你現在的公司，做免費學習的地方，什麼東西都會了之後，再一走了之，不是既有收穫還出了氣嗎？」

小張聽從了朋友的建議，從此便默記偷學，下班之後，也留在辦公室研究商業文書。

一年後，朋友問他：「你現在許多東西都學會了，可以準備拍桌子不做了吧？」

「可是我發現近半年來，老闆對我刮目相看，最近更是不斷委以重任，又升官、又加薪，我現在是公司的紅人了！所以，我現在不想辭職了。」

「這是我早就料到的！」他的朋友笑著說：「當初老闆不重視你，是因為你的能力不足，卻又不努力學習；而後你痛下苦功，能力不斷提高，老闆當然會對你刮目相著。」

所以，作為一個員工，不要只知道抱怨老闆，卻不反省自己。如果我們不僅把工作當成一份獲得薪水的職業，而是把工作當成是用生命去做的事，我們就可能獲得自己所期望的成功。好員工和一般員工的分水嶺在於好員工無論做什麼，都力求達到最佳境地，絲毫不會放鬆，絲毫都不會輕率。

許多年輕人之所以無法成為好員工，就是敗在做事輕率這一點上。這些人對於自己所做的工作從來不會做到盡善盡美。

▎懂得有效利用時間

在現實生活中，有一個很著名的「二八法則」，它對於我們的工作和生活有很大的影響是我們快速提高工作效率的重要原則。「二八法則」對工作的一個重要啟示便是，避免將時間花在瑣碎的多數問題上。因為就算你花了 80% 的時間，你也只能取得 20% 的成效。你應該將時間花於重要的少數問題上，因為解決這些重要的少數問題，你只需花 20% 的時間即可取得 80% 的成效。

第二章　專注工作，工作是與生俱來的使命

美國麻省理工學院（Massachusetts Institute of Technology, MIT）對 3,000 名經理做了調查研究，結果發現凡是成績優異的經理都可以非常合理地利用時間，讓時間消耗降到最低限度。

一位美國的保險人員自創了「1 分鐘守則」，他要求客戶給予一分鐘的時間，讓他介紹自己的工作服務專案。1 分鐘一到，他自動停止自己的話題，謝謝對方給予他 1 分鐘的時間。由於他遵守自己的「1 分鐘守則」，所以在一天的時間經營中，付出和獲取的結果成正比。

「1 分鐘時間到了，我說完了。」信守 1 分鐘，既保住了自己的尊嚴，也沒有減少別人對自己的興趣，而且還讓對方珍惜他這 1 分鐘的服務。

還有一家公司為了提高開會的品質，老闆買了一個計時器，開會時每個人只能發言 6 分鐘，這個措施不但使開會有效率，也讓員工分外珍惜開會的時間，掌握發言的時間。

有效利用時間，還要善於擠時間。一位優秀的經理在介紹自己的成功經驗時說：「時間和牙膏一樣是擠出來的，你不去擠它就不會出來。時間賦予每個人的都是 24 小時，你不善於擠，就會跟許多平庸的職場人士一樣忙忙碌碌卻只是庸庸碌碌地度過一生。」

作為生存於職場中的你要讓自己獲得別人無法比擬的競爭優勢，要成為老闆眼中的好員工，就要做好個人的時間管理，要做到不僅能夠充分利用每一分鐘的價值，還要善於找出隱藏的時間，並加以有效利用做到不浪費每一分鐘。

小劉是一家公關公司的客戶經理，一年大約能夠接下 100 個案子，因此他有很多時間是在飛機上度過的。小劉認為和客戶維持良好的關係非常重要，所以他常常利用飛機上的時間寫短籤給他們。一次，一位候機旅客在等候提領托運行李時和他攀談起來：「我早就在飛機上注意到你，在 2

小時 48 分鐘裡，你一直寫在筆記，我敢說你的老闆一定以你為榮。」小劉笑著說：「我只是有效利用時間，不想讓時間白白浪費而已。」

　　有企業家說，不論他出多少錢的薪水都不可能找到一個具有兩種能力的人：第一，有思想；第二，能按照事情的重要程度來做事。他提出這兩點正是時間管理的精髓即「做正確的事和正確地做事」。

　　在工作中，我們需要時刻提醒自己：「此刻，什麼是我利用時間的最佳方式？」在每月事先安排的工作計畫中，應使自己除了能為重點的專案留出額外的時間外還能使工作有所變化並保持平衡。

▌專注於「不可能完成的任務」

　　在美國經濟大蕭條最嚴重時，多倫多有位年輕畫家全家靠救濟過日子，那段時間他急需要用錢，但時局卻太糟了。哪有人願意買一個無名小卒的畫呢？唯一可能的市場在有錢人那裡，但誰是有錢人呢？他怎樣才能接近他們呢？他對此苦苦思索，最後他來到了多倫多《環球郵政》報社資料室，從那裡借了一份畫冊，其中有加拿大的一家銀行總裁的正式肖像。他回到家，開始畫起來。畫完了像，但怎樣才能交給這位大人物呢？他決定用獨特的方法試一試。

　　他梳好頭髮、穿上最好的衣服，來到總裁辦公室要求見見總裁，但祕書告訴他：事先沒有約定，想見總裁不大可能。

　　「真糟糕」畫家說，同時把畫的保護紙揭開，「我只是想拿這個給他瞧瞧。」祕書看了看畫，把它接了過去。她猶豫了一會兒後說道：「請坐一下吧，我稍等就回來。」她馬上就回來了。

　　「他想見你。」她說。

第二章　專注工作，工作是與生俱來的使命

　　當畫家進去時，總裁正在欣賞那幅畫。「你畫得棒極了，」他說，「這張畫你想要多少錢？」年輕人舒了一口氣，告訴他要 25 美元，結果成交了。（那時的 25 美元至少相當於現在的 500 美元）為什麼這位年輕畫家的計畫會成功？

　　他專注於自己想做的事，在採取行動前他先研究市場，認真估計第一筆生意後的事，所以他成功了。還有，他不害怕去做那些「不可能完成的任務」。

　　當你專注於某事並取得成功時，那很少是走運的結果，而更可能是富有想像的思考和仔細地安排的產物。

　　最勇敢的事蹟之一應該是 1927 年美國飛行家查爾斯·奧古斯都·林德伯格（Charles Augustus Lindbergh）的首次單獨不著陸橫越大西洋。林德伯格當時 25 歲，冷靜地用自己的生命去打賭，他贏得了看起來是不可能的一搏。

　　起飛前他度過了一個不眠之夜。從紐約長島駕駛著一架單引擎飛機起飛，這架飛機裡擠滿了汽油桶，幾乎沒有他坐的地方，汽油的重量使得飛機負擔太重，在從紐約飛往巴黎的途中，想空降那是不可能的。

　　一路上大霧遮住了他的視線，當時沒有無線電讓他同地面保持連繫，他擁有的只是一個指南針。好幾次他都睡著了，醒來時才發現飛機只有幾米距離就觸海了。透過計算，他在起飛三十三個小時後就橫越了大西岸，在巴黎機場安全降落了。人們歡聲雷動，這種熱情的場面實屬空前盛況。

　　為了這次飛行，林德伯格作了為期幾年的準備，訓練自己，準備自己的飛機「聖路易精神號」。他從威斯康辛大學（University of Wisconsin）退學出來學習飛行，加入了飛行訓練隊；他得到空軍批准，可以在閒餘時間飛行；他作為美國航空郵政飛行員在白天、黑夜、晴天、雨天都飛行，

行程多達幾萬英里；他曾遇過險情，飛機被迫降在農田裡；他學會修理飛機引擎並懂得每個零件的工作原理。

「幸運的林德伯格，」新聞媒介這樣稱呼他，「他敢打賭而且贏了。」他們這樣說。不！他的成功不是因為他走運，而是因為在冒險之前，他準備了自己，準備了飛機，而且是盡最大的努力。他相信自己能夠發揮潛能，能成功，他知道唯一能打敗他的只有命運的捉弄，這是我們任何人都無法控制的。

這些都是在他有所準備後，才專注去做的。事實上，我們也能這樣做。想成為好員工嗎？那麼，沒有什麼不可能的事，只要你專注於自己的工作！

認真完成每一項工作

每一件事都值得我們去做，而且應該用心地去做。工作是否單調乏味，往往取決於我們做它時的心境。作為一名好員工，你的人生目標貫穿於整個生命，你在工作中所持的態度，使你與一般員工區別開來。

每一件工作對人生都具有十分深刻的意義。你是磚石工或泥瓦匠嗎？可曾在磚塊和砂漿之中看出詩意？你是圖書管理員嗎？經過辛勤勞動，在整理書籍的空隙，是否感覺到自己已經取得了一些進步？你是學校的老師嗎？是否對按部就班的教學工作感到厭倦？也許一見到自己的學生，你就變得非常有耐心，所有的煩惱都拋到了九霄雲外了。

如果只從他人的眼光來看待我們的工作，或者僅用世俗的標準來衡量我們的工作，工作或許是毫無生氣、單調乏味的，彷彿沒有任何意義，沒有任何吸引力和價值可言。這就好比我們從外面觀察一個大教堂的窗戶。大教堂的窗戶布滿了灰塵，非常灰暗，光華已逝，只剩下單調和破敗的感覺。但是，一旦我們跨過門檻，走進教堂，立刻可以看見絢爛的色彩、清

第二章　專注工作，工作是與生俱來的使命

晰的線條。陽光穿過窗戶在奔騰跳躍，形成了一幅幅美麗的圖畫。

　　由此，我們可以得到這樣的啟示：人們看待問題的方法是局限的，我們必須從內部去觀察才能看到事物真正的本質。有些工作只從表象看也許索然無味，只有深入其中，才可能認知到其意義所在。因此，無論幸運與否，每個人都必須從工作本身去理解工作，將它看作是人生的權利和榮耀——只有這樣，才能保持個性的獨立。

　　在羅浮宮（Louvre）裡收藏著莫內（Claude Monet）的一幅畫，描繪的是女修道院廚房裡的情景。畫面上正在工作的不是普通的人，而是天使。一個正在架水壺燒水，一個正優雅地提起水桶，另外一個穿著廚師服，伸手去拿盆子——即使日常生活中最平凡的事，也值得天使們全神貫注地去做。天使尚且如此，何況我們這些職場上的員工呢？

　　每一件工作都值得我們去做。不要小看自己所做的每一件工作，即便是最普通的工作，也應該全力以赴、盡職盡責地去完成。小任務順利完成，有利於你對大任務的成功掌握。一步一腳印地向上攀登，便不會輕易跌落，這樣，你離好員工的日子也就不遠了。透過工作獲得真正的力量的祕訣就蘊藏在其中。

▌專注工作並努力工作

　　那些喜歡工作的人，會努力盡他們的本分；而那些不喜歡自己工作的人，總是花許多時間和精力來蒙蔽別人，讓別人看上去以為他們正在忙碌或已做完了某些事。能夠從事自己喜歡的工作，是許多人的夢想。做自己喜歡的工作，讓自己發揮潛能，是成為好員工的一個重要前提。

　　潘先生原先在一家有上千個員工的大公司工作，後來卻換到一家規模較小的只有幾十個員工的公司工作，並一直在那裡做下去。當有人詢問

潘先生這樣做的原因時，他說：「以前的工作讓我覺得自己像個演員在演戲，我希望自己今後的生活變得有意義，不想去做自己不喜歡的工作！」雖然潘先生現在工作的紙業產品公司的業務時好時壞，但是潘先生喜歡在這裡工作，因為他喜歡並擅長現在的工作。

克萊門特‧史東（William Clement Stone）曾經引用三個經濟原則為個人工作選擇作了貼切的比喻。

- 「**比較利益**」原則：他指出，正如一個國家選擇經濟發展策略一樣，每個人應該選擇自己最擅長的工作，做自己專長的事，才會勝任愉快。換句話說，當你在與別人相比時，不必羨慕別人，你自己的專長對你才是最有利的，這就是經濟學強調的「比較利益」原則。

- 「**機會成本**」原則：一旦自己作了選擇之後，就得放棄其他的選擇，兩者之間的取捨就反映出這一工作的機會成本。你選擇了自己喜歡的工作就必須全力以赴，並增加對工作的認真度。

- 「**效果**」原則：一旦工作的成果不在於你工作時間有多長，而在於成效有多少，附加價值有多高，如此，自己的努力才不會白費，才能得到適當的報償與鼓舞。

社會上大多數人，只會羨慕別人，或者模仿別人做的事，很少有人去認清自己的專長，了解自己的能力，然後鎖定目標，全力以赴。

如果你用心去觀察那些好員工，就會發現他們幾乎都有一個共同的特徵：不論聰明才智高低與否，他們所從事的行業和職務，都是自己所喜歡的。為了自己所熱愛的工作，他們隨時保持積極進取的人生觀，十分看重自己的價值，對目標執著，並且絕對堅持到底。

除了當音樂家、畫家、運動員……必須依賴某些天賦的能力，才有可能做出一番成就，絕大多數成就都是可以靠後天訓練與努力得來的。

　　所以說，一個人的「成就」來自於他對工作專注的投入，而只有無怨無悔地付出努力的代價，才能享受甘美的果實。

每天努力多一點

　　有這樣一個故事：

　　小范的父親去世了，有工作的小范就把他母親接了過來一起生活，他和母親生活得很快樂。不曾想，有一天，母親卻在下班的路上把小范攔住了。

　　母親說：「孩子，你這樣晚出早歸的，是手頭事務不多，還是公司裡出了什麼事情？」

　　小范說：「沒有啊，我怕你一個人在家裡孤單，所以就盡量早點回家陪你，公司裡沒有什麼大事，效益也不錯，你千萬不要瞎想。」

　　母親這才放下心來，她說：「我還以為你們公司不景氣，沒什麼事情可做呢。」

　　在回家的路上，母親對小范說：「當初你父親也像你一樣，只是一個生產線作業員，但是，我為什麼喜歡你父親並最終跟他結婚？就因為我見你父親每天沒日沒夜地工作，工作特別多，我就猜測你父親技能不會差到哪裡去，今後會是一個有出息的人。結果我猜得沒錯，你父親憑藉扎實的業務能力當上了廠長。男人啊，不能光顧家，多以公司的事為重，多學點東西沒錯。你看，你每天早早回家，鄰居問你工作怎麼樣，我都不好意思回答，覺得他們話中有話，認為你在公司裡沒事可做。孩子，我在家裡並不孤單！別在上班時分心，多想想公司的事啊！」

　　小范的臉紅了，第二天他就報名參加公司的技能培訓，每晚到一所大學進修學習。

每天晚上 10 點多鐘回家，小范總能看到房間裡亮著燈，那是母親在點亮小范回家的路。進了門，母親會端出熱好的飯菜，叮囑小范吃下。小范叫母親早點休息，別等他了，母親卻說：「你在外面努力工作，夠辛苦的，我高興都來不及，哪還嫌累呢？」

一個月後，母親的臉色好多了。在與社區老太太們閒坐時，一談起小范的現狀，母親就很自豪，說小范的公司是個大公司，整天都有忙不完的事情，從來沒有 10 點鐘以前回過家，忙到凌晨一兩點都是常事，有時候還通宵加班呢！

而小范在母親的督促中進步很快，不但順利完成了學業，而且在公司裡他也努力工作，不計較個人得失，有時不是自己的事情也搶著做，與同事們建立了很好的關係，並自覺自願地額外加班，因此受到了公司主管的器重，被公司委任為部門主管。

有付出就會有回報，這是一個世人皆知的因果法則。或許你的付出不可能馬上得到相對的回報，也不要氣餒，應該一如既往地再努力多付出一點，回報可能會在不經意間，以出人意料的方式出現。最常見的回報是晉升和加薪。除了主管以外，回報也可能來自他人，以一種間接的方式來實現。

對於一個員工來說，僅僅一絲不苟、忠於職守是不夠的，你還應該做到每天更努力一點，應該要求自己做完本職工作後再多做一些事情，比別人期待的更多一點。這樣就可以做得更好，給自我的提升創造更多的機會。

每天多做一點工作也許會占用你的時間，但是，你的行為會使你贏得良好的聲譽，並增加他人對你的好感。做完自己職責分內的事情，再努力做其他事情的初衷也許並非為了獲得報酬，但往往會有些意想不到的收穫。

第二章　專注工作，工作是與生俱來的使命

　　你沒有義務要做自己職責範圍以外的事，但是你也可以選擇自願去做，以鞭策自己快速前進。率先主動是一種極珍貴、備受主管看重的素養，它能使人變得更加敏捷，更加積極。不管你是管理者，還是一般員工，更努力的工作態度能使你從競爭中脫穎而出。你的主管和顧客會關心你、信賴你，從而給你更多的機會。

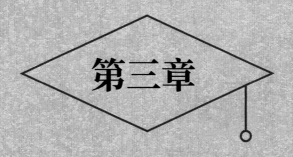

第三章

注重細節，謹記工作之中無小事

　　培養注重細節的好習慣，提高善抓細節的能力，才能把個人潛在的智慧和力量更有效地發揮出來，才能少走彎路，少出紕漏，在通往事業成功的道路上穩操勝券。在體育比賽中，我們經常看到有些人之所以取得冠軍，就在於那麼微小的一個動作，而這個動作卻是運動員長期訓練的結果。可以說，對細節的注重與否，決定了一個員工人生的成敗。

第三章　注重細節，謹記工作之中無小事

▌工作之中無小事

　　在我們的日常生活中，經常會出現這兩種情況：一種是不想做小事的人，一種是做不好小事的人。大事做不好，小事不想做，是第一種人的寫照，他們是認為自己有水準，有能力，對一般的事棄而不做，不加理會。第二種人願意做小事，但意識裡將小事做好的要求和標準下降，敷衍應付，事不經心。這兩種人到最後是一樣事都不能做好。

　　在工作中，沒有任何一件事情，小到可以被拋棄；沒有任何一個細節，細到應該被忽略。同樣是做小事，不同的人會有不同的體會和成就。不屑於做小事的人做起事來十分消極，不過是在工作中混時間；而積極的人則會安心工作，把做小事作為鍛鍊自己、深入了解公司情況、加強業務知識、熟悉工作內容的機會，利用小事去多方面體會，增強自己的判斷能力和思考能力。大事是由眾多的小事累積而成的，忽略了小事就難成大事。從小事開始，逐漸鍛鍊意志，增長智慧，日後才能做大事，而眼高手低者，是永遠做不成大事的。透過小事，可以折射出你的綜合素養，以及你區別於他人的特點。從做小事中見精神，得認可，「以小見大」，贏得人們的信任了，你才能得到做大事的機會。

　　有太多的人，總不屑一顧事物的細節，太自信「天生我才必有用」，殊不知，我們普通人，大量的日子，都是在做一些小事，假如每個人能把自己所在職位的每一件小事做好、做完整，就已經很不簡單了。

　　要做好每一件小事，首先要在理念上對小事要有個正確的認知，意識到大事是由若干小事構成的，世上無小事，對每一件小事，都要當成一件大事來做。只有認真、踏實、勤奮地做好每一件小事，才是我們做事的原則。

　　一個人只有在經過了「做小事」並「做好小事」的「煉獄」之後，才

有可能到達「成大器」的「天堂」。一個人的成才是這樣，一個企業的成功也是這樣。為什麼想做大事的人很多，做成大事的人卻很少，原因也許正在這裡。

不少職場人士不能「成大器」的原因不是因為他們不夠聰明，正是因為不能正確處理「做小事」與「成大器」之間的關係。

湯姆是有「汽車王國」之稱的福特公司的一名職員。20 歲時進入該公司工作，剛進入公司時他一直在基層工作，從最基層打雜開始，哪裡有零工他就到哪裡去。經過五年的磨練，他幾乎去過生產汽車的所有部門。在這五年時間當中，他虛心好學，從最基本、最小、最雜的事做起。經過五年他已經掌握了整個汽車的裝配過程。經過奮鬥，他開始嶄露頭角，很快就晉升為領班。在這麼大的公司中成為一名領班的確不容易。他成功的法寶就是從小事做起。

打雜是小事，湯姆卻能在工作中學到許多平時無法學到的東西，他總是利用做每一件小事的機會去發現問題，總結經驗，從中培養了自己處事經驗、技術經驗，對公司的各部門有了一定的了解。雖然從事的是打雜的小事，但他從這些小事中成長起來了，已經遠遠超出了一個一般員工。小事為他以後成大事奠定了扎實的基礎。

因此，對於企業員工來說，腦子裡要有兩個概念：第一，「做小事」不是你願意不願意的問題，而是成才過程中不可逾越的一個階段；第二，企業員工要在「做小事」並「做好小事」的過程中逐步培養「做大事」的能力。

而從企業的角度來說，也不大可能一開始就給每個員工一件「大事」去做。這就是說，「做小事」是「成大器」不可逾越的階段。對每一個具體的工作而言，所謂「大事」可能並不多，更多的是一些具體的小事。養

第三章　注重細節，謹記工作之中無小事

成將一件一件具體事情做好的習慣，正是「成大器」的開端。你現在所做的每一件小事都能成為將來所要成就的大事的一個分子的時候，「大事」與「小事」將得到統一，「小事」也就成了「大事」。如果連這些具體的小事情都做不好，所謂「成大器」就根本無從談起。

如果一位員工能夠抱著一種積極的心態去對待「做小事」，透過深入實際、刻苦鑽研、尋找規律來不斷豐富自己，從而「做好小事」，你就有了一個良好的開端，成功就可能在不期然間叩響你的房門。還有一點，「做小事」容易出成績，更能展現你的才能，你就更容易在一群人中脫穎而出。

美國標準石油公司（Standard Oil）曾經有一位小職員叫阿基勃特（John D. Archbold）。他在出差住旅館的時候，總是在自己簽名的下方，寫上「每桶4美元的標準石油」字樣，在書信及收據上也不例外，簽了名，就一定寫上那幾個字。他因此被同事叫做「每桶4美元」，而他的真名倒沒有人叫了。

公司董事長約翰‧戴維森‧洛克斐勒（John Davison Rockefeller）知道這件事後說：「竟有職員如此努力宣揚公司的聲譽，我要見見他。」於是邀請阿基勃特共進晚餐。後來，洛克斐勒卸任，阿基勃特成了第二任董事長。

在簽名的時候署上「每桶4美元的標準石油」，這算不算小事？嚴格說來，這件小事還不在阿基勃特的工作範圍之內。但阿基勃特做了，並堅持把這件小事做到了極致。那些嘲笑他的人中，肯定有不少人才華、能力在他之上，可是最後，只有他成了董事長。

「只有小演員，沒有小角色」，這是很多演員的座右銘，展現的也就是「工作中無小事」的本質，作為任何職位上的員工，都要完成好工作中自己的角色。

▎做好小事是成功的基礎

職場上根本不存在什麼不值得做的事情，你接受的最小的一件事也同樣重要，也需要你全心全意把它做好 —— 即便它們很瑣碎，很微不足道！而很多員工對此不以為然，在工作中時常鬧脾氣。

一切從小事做起，是任何一名員工做好工作的第一步；也是員工調整好心態，積極主動去工作的第一步。

「做小事」是一回事，「做好小事」又是另一回事。小事做起來是枯燥的，需要員工有持之以恆的信念和毅力。能力的高低在很大程度上展現在能否把事情做透、做好，即事情的細節反映出做事的水準。有句話說得好：「天下大事，必作於細」。如果以消極的心態對待「小事」，只把小事作為一個形式，敷衍了事，淺嘗輒止，則會連「小事」都做不了。

做「小事」是一種做事的方法，更是一種人生態度。學歷高低只能證明你的文化素養，並不能代表你的能力。企業用人更看你的做事能力，不會做小事的人肯定也不會做大事。因此，每個員工都應該從現在做起，從本職做起，既胸懷大志，又遠離浮躁，在「做小事」中歷練自己，爭取早日成為企業的棟梁之才。

小楊是知名大學的畢業生，以優異成績進入了公司。他一心只想鵬程萬里，不料上班後才發現，每日無非是些瑣碎事務。這些事情既不需太多思考，也做不出什麼好心情，他的心便漸漸冷淡了下來。

一次公司開會，部門的同事們都在徹夜準備文件，分配給他的工作是裝訂和封套。處長再三叮囑：「一定要做好準備工作，別到時弄得措手不及。」他卻不以為然：國中生也會的事，還用得著這樣告訴大學生嗎？同事們忙忙碌碌，他卻只在旁邊滑手機。文件終於交到他手裡。他開始一件

第三章　注重細節，謹記工作之中無小事

件裝訂，沒想到只訂了幾份，釘書機「喀」地一響，訂書針用完了。

小楊漫不經心地打開訂書針的紙盒，裡面是空的。翻箱倒櫃之後，他才發現，平時隨便都能找到的東西，現在竟連一根都找不到。此時已是深夜 11 點半，文件必須再次日 8 點大會召開之前發到代表手中。處長大怒道：「告訴你的話，你就是不聽。連這點小事也做不好，你這個大學生有什麼用啊！」小楊低下頭無言以對。

他沒有說話，徑直走了出去。凌晨 3 點時，他終於找到一家二十四小時營業的超商購買訂書針，終於趕在開會之前，將文件整齊漂亮地發到代表手中。事後，他來到處長辦公室等候責罵，沒想到平時嚴厲得不近人情的處長，卻只說了一句：「記住，小事也同樣是重要的事。」

小楊後來對朋友說，那是他一生受用不盡的一句話，讓他深刻地領悟到：用浮躁的心是做不成任何事的，最微小的過失都會造成全面的被動。

在通往成功的路上，真正的障礙，有時只是一點點疏忽與輕視，就像那一盒小小的訂書針，因此，為了避免這種情況的出現，你應該做到以下幾點：

- **做好身邊的小事**：只有腳踏實地做好身邊的每一件小事，才有可能成為做每一件事都能成功的人！很多人因為小事不做，而終成不了大事。機會往往就在你的妄想中溜走。扎扎實實地做好手頭的每一份工作，才會有更好、更大的工作等著你去完成。

- **一步一個腳印地做事**：假如沒有細緻入微的工作態度，即使具有再好的工作環境和工作能力，你也難以取得最後的成功。只有一步一個腳印，不帶任何僥倖和麻痺心理地做好每件事，才能真正做好任何可以做到的事。成功永遠屬於注重細節、一步一個腳印追尋自己夢想的人！

- **付出全部的熱情**：成功者與失敗者的相同之處在於，他們都做著同樣簡單的小事；而他們的不同之處則在於：成功者從不認為他們所做的事是簡單的小事，失敗者從不認為他們的每件事會有什麼大不了。要做一名成功者，你就要記住：每個人所做的工作，本身就都是由小事構成的。你必須全身心地付出你的熱情和努力，才能把每件事真正做到完美。

不因善小而不為

你身邊的任何一件小事都可能左右你的成功。即便是再簡單不過的工作，也要把它做到完美至極，這對於你來說是十分重要和必要的。請記住，別讓小事成為你事業成功的障礙。

其實，人生何嘗不是由這許許多多的微不足道的小事組成的呢？每個人的工作，也都是由一件件的小事構成……成功者與失敗者都做著同樣簡單的小事，最大的不同在於他們對待小事的態度。「窺一斑而見全豹」，從妥善處理點滴小事的過程中，你的能力及工作態度就會被老闆和同事認同，個人形象也會在潛移默化中形成。

不要將處理瑣碎的小事當作是一種麻煩，而要當作一種經驗的累積過程。須知，事業上的成功從來都不是一蹴而就的，而需要不斷累積。對瑣事不屑一顧，處理問題時消極懈怠的人，鮮有成功者。「千里之堤，潰於蟻穴」，那些平時勤勤懇懇地工作，並且卓有成效的人，往往因為一時的疏忽大意就與唾手可得的成功失之交臂，一次失誤使從前所做的種種努力都付之東流。因此，你要時刻警醒自己，千萬不要重蹈覆轍。

小麗大學畢業後幸運地被一家證券公司錄取，她感到十分興奮，每天都在憧憬著自己美好的前途。然而，真正開始工作後她才發現，不知什麼

第三章　注重細節，謹記工作之中無小事

原因，公司給新人安排的實際工作並不多，每天讓他們做的都是很多雜七雜八的事情，比如倒茶、影印、傳真、文件整理等等。

與小麗一同來的新人們覺得自己的工作不應該只是做雜事，每天做這些事會有什麼前途？。而且，他們普遍都有種感覺：作為剛畢業的大學生，自己沒有得到應有的重視。於是，很多人都不免滿腹牢騷，便經常找藉口推託。更有些人的心裡產生了退意，心裡每天都在盤算著尋找新的出路，工作起來更加心不在焉。

小麗的心裡也覺得有些委屈，在和男朋友談起這事時，已在職場打拚多年的男朋友笑了笑，說：「小事不願意做，怎麼能做大事呢？有一句話說得好：細微處方見真品性。更何況，公司很可能就是在考察新到的員工，看一看到底哪些人是真正踏實願意付出的人呢！」

聽到男朋友的話，小麗的心裡豁然開朗，她不再和大家一起發牢騷，見到別人不願意做的瑣事，她便接過來做，一下子就忙碌了起來，有時甚至要加班。其他的新同事都笑她傻，有些還說她愛表現。不管別人怎麼說，小麗總是默默工作，從不多事。

小麗一點一滴的工作，公司主管都看在眼裡，於是開始選擇一些專業的工作給她。公司的老員工也喜歡這個「傻女孩」，很樂意將工作心得傳授給她，還教她公司裡人際關係如何相處。逐漸地，小麗工作上越來越順手，人際社交也掌握得越來越好。

過了三個月試用期，在討論新人任用的問題時，小麗被安排到了她最嚮往的職位，成功地踏出了職業生涯的第一步！

在你過去的工作中，你是否也像小麗一樣，認認真真地做好每一件小事？要知道，一個微小的細節也許就會改變了你人生的命運。

▋小事件大新聞

在生活中，如果一件小事被放大，必然就會成為新聞。而企業這樣做，是一種新聞公關策略。新聞宣傳對樹立企業品牌形象和建設品牌美譽度都非常重要。透過許多公益新聞事件，有利於處理企業與政府、大眾、社團及商業機構的關係。新聞宣傳要求必然有一定利益，對於企業來說新聞的價值就是產生利於企業的正面宣傳。

有一家規模很小的食品公司，生產資金只有五十幾萬。但該公司的老闆卻很有信心，在公司的公告欄上寫著要做本市柿餅第一品牌的豪言壯語，時刻激勵著員工的信心。柿餅上市之前，老闆要給柿餅做宣傳廣告。他原想在這座城市某個熱鬧的街頭租一個超大的、顯眼的看板，標上他們的產品，讓所有從這裡走過的人都能注意它，並從此認識他們的柿餅。

當他和廣告公司接觸後，才發現市中心廣告位的價格遠遠高於他的想像，他那小小的企業承擔不起這天價的廣告費。

但他沒有失望，而是不停地到處打探，試圖找到便宜又實惠的廣告位置。皇天不負有心人，他終於看好了一個城門路口的看板。那裡是一個十字路口，車輛川流不息，但有一點遺憾就是，路人行色匆匆，眼睛只顧盯著紅綠燈和疾馳的車輛。在這裡做廣告很難保證有很好的效果，因此租金只需幾萬元。但他很滿意，便立馬租了下來。

對於這個舉動，員工們紛紛質疑，但他只是笑而不答，彷彿一切成竹在胸。

舊廣告很快撤了下來，員工們以為第二天就能看到他們的柿餅廣告。但第二天看板上並沒有柿餅廣告，而是寫著：「好位置，當然只等貴客。此廣告招租 500 萬 / 全年。」

第三章　注重細節,謹記工作之中無小事

這個價格可謂天價,其衝擊力是毋庸置疑的。只見每個從這裡路過的人都不自覺地停下腳步看上一眼。口耳相傳,漸漸地,很多人都知道了這個十字路口上有個貴得離譜的廣告位虛席以待,甚至當地報紙都給予了極大關心……

一個月後,柿餅的廣告才登了上去。柿餅廠的員工終於明白了老闆的心計,無不交口稱讚。柿餅的市場迅速打開,因為那「500萬/全年」的廣告價格早已家喻戶曉。這種牌子的柿餅也成為了這座城市的知名品牌。

企業企劃新聞的手法常用的是事件行銷。「事件行銷」是指,企業在真實、不損害大眾利益的前提下,有計畫地企劃、組織、舉辦和利用具有新聞價值的活動,透過製造有「熱門新聞」效應的事件,吸引媒體和社會大眾的注意與興趣,以達到提高社會知名度、塑造品牌良好形象,和最終促進產品或服務銷售的目的。

日本一家塗料公司剛建成一幢52層的總部大樓,正在為找不到合適的宣傳辦法而煩惱。碰巧有一大群鴿子飛進了這幢大樓的一個房間,鴿子糞、羽毛把房間弄得很髒,有人想把鴿子一趕了之。公司的企劃人員得知後,急忙下令關閉所有的門窗,不讓一隻鴿子飛走。然後,他們開始了緊張的企劃活動。

他們首先電告動物保護委員會,請該會迅速派人前來處理這件有關動物保護的大事。動物保護委員會應邀鄭重其事地派出有關人員帶著網兜前來捕捉鴿子。與此同時,企劃人員又通知新聞部門,在塗料公司總部大樓將發生有趣而又有意義的捕捉鴿子事件,新聞界普遍認為這是一條有價值的新聞,紛紛派員前往現場採訪。

在捕捉鴿子的3天裡,有關捕捉鴿子的各種消息、特寫、評論等頻頻出現在報紙上。而塗料公司總部大樓由此名聲大振。除此之外,公司的人

員還利用各種機會，向大眾介紹公司的宗旨和情況，並把愛護動物、支持動物保護委員會的工作視為重要的事情，在大眾中樹立了良好的企業形象，也提高了公司的知名度。

利用這個「飛來」的機遇，這家公司巧妙地進行企劃和宣傳，利用人們愛護動物的心理和環保意識逐漸形成的社會輿論環境，為自己作了一次非比尋常的宣傳，取得了一般廣告所無法比擬的良好效果，還節省了大筆的廣告費用。

鴿子飛進公司，本是一件小事，而日本公司的企劃人員卻把它加以放大、擴展，使之具有了保護動物的重要意義，又大張旗鼓，請來新聞媒介報導，使「小勢」轉變成了「大勢」，從而達到了宣傳企業，提高知名度的預期目的，以非同尋常的手段取得了乘風起帆的機會。

▍每一件事都值得用心去做

工作中有許多細微的小事，這往往也是被大家所忽略的地方，有心的員工不會看不起這些不起眼的小事的。俗話說：「大處著眼，小處著手」。學做些小事，在老闆看來，也許是填缺補漏，但時間長了，你考慮事情周到、能吃苦、工作扎實的作風就會深深地印在老闆心中。所以說，工作中的任何事情都值得我們全神貫注地去做。

作為一個企業的員工，馮先生從事的是企業裡最瑣碎的一些事情。儘管他的工作又細又雜，但他始終保持認真做事的好習慣，重視每一項工作。

一天，主管讓馮先生替自己編一本給總經理前往歐洲用的報告手冊。馮先生不像同事那樣，隨意地編幾張紙了事。而是編成一本小巧的書，用電腦很清楚地印出來，然後又仔細裝訂完整。做好之後，主管便交給了總

第三章　注重細節，謹記工作之中無小事

經理。後來，總經理知道了事情的真相，馮先生代替了以前主管的職位。

不要輕視自己所做的每一項工作，即便是最普通的工作，每一件小事都值得你全力以赴，盡職盡責，認真地完成。要知道，每一件小事都可能成為你的機會。小事情裡往往蘊藏著大契機。

行為本身並不能說明自身的性質，而是取決於我們行動時的精神狀態。工作是否單調乏味，往往取決於我們做它時的心境。每一件事都值得我們去做，而且應該用心地去做。

人生目標貫穿於整個生命，你在工作中所抱持的態度，使你與周圍的人區別開來。日出日落、朝朝暮暮，它們或者使你的思想更開闊，或者使其更狹隘，或者使你的工作變得更加高尚，或者變得更加低俗。

如果只從他人的眼光來看待我們的工作，或者僅用世俗的標準來衡量我們的工作，它或許是毫無生氣、單調乏味的，沒有任何吸引力和價值可言。但如果你抱著一種使命感的心態和學習的態度，工作就會變得很有意義。

這就好比我們從外面觀察一個大教堂的窗戶。大教堂的窗戶布滿了灰塵，非常灰暗，光華已逝，只剩下單調和破敗的感覺。但是，一旦我們跨過門檻，走進教堂，立刻就可以看見絢爛的色彩、清晰的線條。陽光穿過窗戶在奔騰跳躍，形成了一幅幅美麗的圖畫。

由此，我們可以知道：人們看待問題的方法是局限的，我們必須從內部去觀察才能看到事物真正的本質。有些工作只從表象上看也許索然無味，一旦深入其中，就可以馬上意識到其意義所在。

因此，每一件事都值得我們去做，不要小看自己所做的每一件事，即便是最普通的事，也應該全力以赴、盡職盡責地去完成。無論幸運與否，每個人都必須從工作本身去理解工作，將它看作是人生的使命和榮耀。

在同一個公司，總有一些做事有始無終的人，他們在開始做事時充滿熱忱，但因缺乏堅韌的意志力，不等做完便半途而廢；而另外一些員工向來做事有始有終。他們不同的做事方法最終導致的結果我們不言而喻。後一種員工自然會得到老闆的青睞。

有一位推銷員，在為公司推銷日常用品。有一天，他走進一家小商店裡，向店家介紹和展示公司的產品。沒想到那位店家卻突然暴跳如雷，並用掃帚把他趕出了店門。

推銷員並沒有因此憤怒和放棄，他決心要查出這個人如此對待他的原因。於是，他就去詢問其他推銷員。原來，由於前任推銷員的失誤，使得那位店家存貨過多，積壓了大批資金。

這位推銷員開始疏通各種管道，重新做了安排，請求一位較大的客戶以成本價格買下那位店家的存貨。後來，這位店家成了這個推銷員的長期客戶。

有些人遭到了一次失敗，便把它看成滑鐵盧，從此失去了勇氣，一蹶不振。可是，在剛強堅毅者的眼裡，卻沒有所謂的滑鐵盧。就如同那個推銷員一樣，一次的失敗並不能將他嚇倒。那些一心要得勝、立志要成功的人即使失敗，也不以一時失敗為最後的結局，還會繼續奮鬥，在每次遭到失敗後再重新站起，比以前更有決心地向前努力，不達目的絕不甘休。

▋出勤事小影響大

每個企業都有一套切實可行的管理制度，遵守制度是員工起碼的職業道德。如果你剛進入一家公司，首先應該學習員工守則，熟悉組織文化，以便在制度規定的範圍內行使自己的職責，發揮自己的所能。

第三章　注重細節，謹記工作之中無小事

　　按時上班，是一種最基本的職業操守。在沒有特殊的情況，就應該盡量不遲到、不早退、不請假，保持良好的出勤記錄。但有的人對此很不以為然，早一分鐘晚一分鐘，有什麼關係呢？只要完成工作就行了。其實，有這樣想法的員工並沒有認知到出勤制度對一個公司的重要性。

　　想想看，公司規定的上班時間是早上9點，有人8點30分就到了，有人8點50分到，也有人9點10分才到。如果公司沒有什麼重大的事情，上班早晚是沒有什麼大妨礙的。但是在關鍵時刻，或許就會因為遲到了10分鐘，而耽誤了重要的工作，從而給公司帶來惡劣的影響以及無可挽回的重大損失。

　　當然了，企業的性質、規模等不盡相同，要求也就有所不同。比如：在工廠生產線上的工人就必須嚴格遵守作息時間，因為，生產線是固定流水式作業，必須在所有的員工都到齊的情況下，才能順利運行。而從事行銷業務的員工就不一定非要坐在公司辦公室裡，他可以根據業務狀況隨時上班。

　　在遲到和請假問題上，公司都是希望員工要有整體和大局觀念。從表面上看，遲到和請假似乎是人之常情，但實際上，無論出於什麼樣的理由遲到和請假，這對你今後的發展都是弊大於利的。特別是剛進企業的新員工，為了使自己早日熟悉企業的業務，也為了不給其他人帶來不必要的麻煩，應該盡可能地不請假。即使有重要的事情，也應該至少提前一天給公司請假。

　　在公司，請假和遲到一樣，都會給他人帶來各種各樣的麻煩。不管請假的原因是什麼，由於你的請假，企業就要付出額外的精力來調整人員的工作安排。這有可能導致企業在工作上的被動，從而帶來一些不必要的損失。在都市中，塞車和誤點是經常發生的事，所以，只要提前估計一下交

通情況、選擇適合的工具後，除非是遇上意外，不然的話你必能準時抵達公司。你應該對此早做防備，養成提前上班的習慣。

好員工一般都非常注重企業的「紀律」，極少有遲到的。有的員工未能趕上，便會毫不猶豫地搭計程車趕去，這在好員工看來很正常。作為企業的一名員工，有責任遵守公司的一切規定。當你違背了公司的規定卻沒有足夠的理由，形式上的懲罰並不能掩蓋你對自身責任的漠視。

比如：你上班時遲到了五分鐘，公司可能就扣掉了你當月的全勤獎金，你很可能對公司的處理憤憤不平，「不就遲到五分鐘嗎？有什麼了不起的，也不會有多大影響。」其實，如果你仔細反思一下自己，公司的每個人都遲到五分鐘，那會怎麼樣？你違背了公司的規定，公司如果沒有對你進行處罰，那麼對別人呢？公司的規定豈不是形同虛設？

有的人由於一開始不適應工作時間和工作節奏，因此常常會有剛剛上班就盼望下班的念頭。每天下班時間一到，就衝出公司大門的員工，在別人的眼裡，肯定是不積極且可能不喜歡目前的工作，隨時準備放棄這份工作。

有的企業就採用了彈性工作時間。例如：內部沒有打卡制，也不強制規定上班時間，除櫃臺接待人員和必須準時坐臺的部門外，其他全部實行彈性工時制，前提是保證工作品質。

有的公司所有員工每年拿的都是一個固定的薪資，沒有單獨的加班費，也沒有獎金，而年薪的等級和數額是一年考評一次，調整一次。那麼，公司是靠什麼方法讓員工認真負責、兢兢業業地做好自己的工作呢？答案是自律。

大家都是肉身凡體，頭痛腦熱在所難免，公司並非不准員工請假，但是過於頻繁地請假，肯定會影響工作效率。請假的方式和頻率，往往也成為公司評價員工的重要依據。公司將以此評定一個人的工作態度，進而直

第三章　注重細節，謹記工作之中無小事

接影響到員工的考核成績。

　　然而，不管制度如何明確，現實中總有那麼一些個別員工，養成了不守時的不良習慣。他們對工作持敷衍了事的態度，無視公司制度。除了遲到早退，自由散漫型員工最突出的表現，就是大事小事請事假，有病無病請病假。

　　李華強總愛耍些小聰明，一碰上頭痛、肚子不舒服就痛苦不堪，然後就找藉口向老闆請假。遇上朋友約會或辦點私事什麼的，更是找藉口請假不上班，每次理由總是十分充足。老闆雖然不勝其煩，可是也不好駁回。

　　一次，李華強又撒謊說一個近親去世了，回老家一個禮拜。可是，七天後李華強返回公司時卻遭解僱。原來李華強與女友跟團出國旅遊了，以為無人知曉，不料，老闆的一個朋友也在該旅行團中，正巧認識李華強。李華強的這次謊言自然穿幫。老闆心想，既然你李華強那麼喜歡請假，那不如給你一個永久的長假好了。

　　一般職員認為請假是一件十分稀鬆平常的小事情。其實，這不僅是對公司，更是對自己非常不負責任的一種行為。你如果不能嚴格遵守上下班的時間，必然會造成主管對你責任感不夠的評價，特別是由於你的時間觀念不好而影響到他人的工作時，那將是不可原諒的。

　　無論你的公司制度如何寬鬆，也別過度放任自己。可能沒有人會因為你早下班 15 分鐘而斥責你，但是，大模大樣地離開只會令人覺得你對這份工作沒有足夠的熱情。

　　也許你所在的公司，對遲到出勤方面沒有什麼特別的要求，但我們絕不能隨便地放鬆自己，每天不是遲到就是早退，認為沒人注意到自己的出勤情況，或者認為公司對這方面沒有嚴格要求等。其實不然，你在公司的一舉一動，永遠是沒有祕密的！

一些跨國企業由於員工「裝病」每年付出的代價竟然高達數百萬美元。因此，對那些隨心所欲、無所顧忌地想請假就請假的散漫員工，公司在精簡人事時，自然是「黑名單」上的最佳人選。

「沒有規矩，不成方圓。」一個企業，只有切實貫徹並執行了一套合理的制度，才有成功的保障。而出勤制度則直接關係到員工的工作態度，從出勤情況可以很快看出，誰在努力工作，誰在尋找理由混日子，所以，出勤事雖小，影響很嚴重！

▌細節之處見精神

道家創始人老子有句名言：「天下大事必作於細，天下難事必作於易。」意思是做大事必須從小事開始，天下的難事必定從容易的做起。把每一件簡單的事做好就是不簡單，把每一件平凡的事做好就是不平凡。偉大來自於平凡，往往一個企業每天需要做的事，就是每天重複著所謂平凡的小事。「泰山不拒細壤，故能成其高；江海不擇細流，故能就其深。」所以，大禮不辭小讓，細節決定成敗。可以毫不誇張地說，現在的市場競爭已經進入到細節制勝的時代。

公司要想成就卓越，對於細節必須精益求精。微軟公司之所以會投入幾十億美元來改進開發每一個新版本，就是要確保每一個細節都減少出現紕漏，不給競爭者以可乘之機。對於細節的注意，使得微軟的產品幾近完美，從而確定了其在競爭中的優勢地位。

迪士尼公司（Disney）為觀眾和客人提供的優質服務，使遊客在離開迪士尼樂園以後仍然可以感受得到。迪士尼的一項調查發現，平均每天大約有 2 萬遊客將車鑰匙反鎖在車裡。於是迪士尼公司雇傭了大量的巡邏員，專門在公園的停車場幫助那些將鑰匙放在車裡的遊客開車門 —— 這

第三章　注重細節，謹記工作之中無小事

一切，無須打電話請鎖匠，無須等候，也不用付費。這一頗重細節的服務為迪士尼公司帶來了更多的顧客。

對於一個員工來說，注重細節其實就是一種工作態度。看不到細節，或者不把細節當回事的人，必然是對工作缺乏認真的態度，對事情只能是敷衍了事。這種人無法把工作當作一種樂趣，而只是當作一種不得不受的苦役，因而在工作中缺乏熱情。他們只能永遠做別人分配給他們做的工作，甚至即便這樣也不能把事情做好。這樣的員工永遠不會在企業中找到自己的立足之地。而考慮到細節、注重細節的人，不僅認真對待工作，將小事做細，而且注重在做事的細節中找到機會，從而使自己走上成功之路。因此，好員工與平庸者之間的最大區別在於，前者注重細節，而後者則忽視細節。

日本歷史上的名將石田三成在成名之前在觀音寺謀生。有一天，幕府將軍豐臣秀吉口渴到寺中求茶，石田熱情地接待了他。在倒茶時，石田奉上的第一杯茶是大碗的溫茶；第二杯是中碗稍熱的茶；當豐臣秀吉要第三杯時，他卻奉上一小碗熱茶。

豐臣秀吉不解其意，石田解釋說：這第一杯大碗溫茶是為解渴的，所以溫度要適當，量也要大；第二杯用中碗的熱茶，是因為喝了一大碗不會太渴了，稍待有品茗之意，所以溫度要稍熱，量也要小些；第三杯，則不為解渴，純粹是為了品茗，所以要奉上小碗的熱茶。

豐臣被石田的體貼入微深深打動，於是將其選在自己幕下，使得石田成為一代名將。

人生就是由許許多多微不足道的小事構成的，智者善於以小見大，從平淡無其的瑣事中領悟深刻的哲理。每個人所做的工作，也都是由一件件小事構成的，但不能因此而對工作中的小事敷衍應付或輕視懈怠。

有一名青年，在美國某石油公司工作。他的學歷不高，也沒有什麼特別的技術。他在公司做的工作，連小孩子都能勝任，這就是巡視並確認石油罐蓋有沒有焊接好。

當石油罐在輸送帶上移動至旋轉臺上時，焊接劑便自動滴下，沿著蓋子回轉一圈，作業就算結束。他每天如此，反覆好幾百次地注視著這種作業。沒幾天，他便開始對這項工作厭煩了，他很想改行，但又找不到其他工作。他想，要使這項工作有所突破，就必須自己找些事做。因此，他便集中精神注意觀察這項焊接工作。

他發現罐子每旋轉一次，焊接劑滴落三十九滴，焊接工作便結束。他努力思考：在這一連串的工作中，有沒有什麼可以改善的地方呢？

一次，他突然想到：如果能將焊接劑減少一兩滴，是不是能夠節省成本呢？於是，他經過一番研究，終於研發出「三十七滴型」焊接機。但是，利用這種機器焊接出來的石油罐，偶爾會漏油，並不實用。他並不灰心，又研發出「三十八滴型」焊接機。這次的發明非常完美，公司對他的評價很高。不久便生產出這種機器，改用新的焊接方式。

雖然節省的只是一滴焊接劑，但這「一滴」積少成多，能替公司帶來每年五億美元的新利潤。這名青年，就是後來掌握全美煉油業百分之九十五實權的石油大王 —— 約翰‧戴維森‧洛克斐勒（John Davison Rockefeller）。

「改良焊接劑」改變了洛克斐勒的人生。他成功的關鍵就在於：普通人工作時往往會忽略的平凡小事，他卻特別注意。每個人所做的工作，都是由一件件小事構成，但不能因此而對工作中的小事敷衍應付或輕視懈怠。記住，工作中無小事。所有的成功者，他們與我們都做著同樣簡單的小事，唯一的區別就是，他們從不認為他們所做的事是簡單的小事。所以

第三章　注重細節，謹記工作之中無小事

說，小事成就大事，細節成就完美。

日本東京一家貿易公司有一位小姐專門負責為客商購買車票。她常給德國一家大公司的商務經理購買來往於東京之間的火車票。不久，這位經理發現一件趣事：每次去時，坐位總在右窗口，返回東京時又總在左窗邊。經理詢問小姐其中的緣故。小姐笑答道：「車去時，富士山在您右邊；返回東京時，富士山已到了您的左邊。我想外國人都喜歡富士山的壯麗景色，所以我替您買了不同的車票。」就是這種不起眼的細節，使這位德國經理大為感動，促使他把對這家日本公司的貿易額由 400 萬馬克提高到 1,200 萬馬克。他認為。在這樣一個微不足道的小事上，這家公司的職員都能想得這麼周到，那麼，跟他們做生意還有什麼不放心的呢？確實如此，細節都注意到了，還有什麼大事做不好呢？

不要小看小事、細節，更不要討厭小事，只要有益於自己的工作和事業，無論什麼事情我們都應該全力以赴。用小事堆砌起來的事業大廈才是堅固的。用小事堆砌起來的工作才是真正有品質的工作。細微之處見精神。有做好小事的習慣，才能產生做大事的氣魄。

我們應該記住，工作中無小事，細微之處見精神，將處理瑣碎的小事當作是一種經驗的累積，當作是做宏圖偉業的準備，所謂「不積跬步，無以致千里。不積小流，無以成江海」。成功就是一個不斷累積的過程。對待工作，我們應始終保持高度的注意力和責任感，始終具有清醒的頭腦和敏銳的判斷力，能夠對每一變化、每一件小事迅速做出準確的反應和決斷。具備一種鍥而不捨的精神，一種堅持到底的信念，一種腳踏實地的務實態度。

看不到細節，或者不把細節當回事的人，對工作缺乏認真的態度，對事情只能是敷衍了事。這種人無法把工作當作一種樂趣，只是當作一種不

得不受的苦役，因而在工作中缺乏工作熱情。他們只能永遠做別人分配給他們做的工作，甚至即便這樣也不能把事情做好，而考慮到細節，注重細節的人，不僅認真對待工作，將小事做細，而且注重在做事的細節中找到機會，從而使自己走上成功之路。所以說，一心渴望偉大、追求偉大，偉大卻了無蹤影；甘於平談，認真做好每個細節，偉大卻不期而至。這就是細節的魅力，是水到渠成後的驚喜。

▎注重細節，把工作做得更出色

或許，你還記得李奧納多‧達文西（Leonardo di ser Piero da Vinci）畫蛋的故事吧，為了把一個蛋畫圓，達文西成百上千次地不停地畫圓圈，任何工作都是這樣，要想做得最出色，最好的辦法就是對小事進行訓練，注重細節之處。

在體育比賽中，我們經常看到有些人之所以取得冠軍，就在於那麼微小的一個動作，而這個動作卻是運動員長期訓練的結果。

路德維希‧密斯‧凡‧德羅（Ludwig Mies van der Rohe）是 20 世紀世界最偉大的建築師之一，在被要求用一句最簡練的話來描述成功的原因時，他只說了：「魔鬼藏在細節裡。」他反覆強調的是，不管你的建築設計方案如何恢弘大氣，如果你對細節的掌握不足，就不能稱之為一件好作品。有時，細節的準確、生動可以成就一件偉大的作品，細節的疏忽則會毀壞一個宏偉的規劃。

一個員工是否能夠成為一名好員工的關鍵，往往就在一些細小的事情上，並且正是由於這些細小的事情，決定了不同的人有不同的「高度」。所以，如果你想成為一名好員工，那麼就應該把做好工作當成義不容辭的責任，而不是負擔，要認真對待、注重細節，不能有半點粗心及虛假；做

第三章　注重細節，謹記工作之中無小事

工作的意義在於把事情做出色，而不是做五成、六成就可以了，應該以最高的標準來嚴格要求自己。

《細節決定成敗》一書曾舉了這麼一個例子，有一個金融學系的大學生在回答老師的問題時，連續三次都是錯誤的答案，雖然他所說的資料都十分接近，但是這些對於金融要求的精確性來說，一個小小的錯誤就會與實際情況差之千里。

對於這種情形，放在大學的課堂上無所謂，可如果放在企業裡，這個學生肯定完蛋了，主管看到你第一次錯了就非常生氣，第二次錯了，就覺得你這個人不行了，第三次錯了，可能你就被炒魷魚了。所以，當你進入企業前一定要訓練，而且任何的小事都要訓練。

儘管「千里之堤毀於蟻穴」、「天下難事，必成於易；天下大事，必做於細」之類的道理已是耳熟能詳，對細節的重要性也有著十分深刻的認知，然而能夠真正做到的人卻不多。培養注重細節的習慣，是一個員工想成為好員工的必然要求，身為企業的一名員工，可以從以下幾個方面著手去做：

▶ 改變觀念

不注重細節的人，在日常工作中往往對其他注重細節的人和事也沒有正確對待，譬如對精打細算的人會冠以「計較、小家子氣」的稱謂，對善意的提醒會惡言相加，對關係自己生命的安全問題常會抱有僥倖心理，這都是主觀上沒有對細節重視，強調個人主義的行為展現。只有在思想上對細節足夠重視了，才能使自己的行為有的放矢。所以，想把工作中做的最出色，你首先要改變舊觀念，提倡細節觀念，並借助輿論監督力度與相關約束制度來加快觀念轉變的步伐。

▶ 重在堅持

細節是一種思維與行動意識的高效組合。誰都想做好每件事，但有的人就是做不好，一件事不是這裡出錯就是那裡出錯。不能說他們不努力，但問題就發生了，原因就是沒有堅持細節習慣的培養，一段時間做到了認真執著，一段時間就懶散鬆懈，做事有頭無尾，總是半途而廢，這樣就無法真正養成注重細節的好習慣。

培養習慣都是經過「曲不離口，拳不離手」，經過「韋編三絕」，最終實現「百鍊成鋼」的一個過程。每一個好員工所具備的成功素養與能力，都是由無數個細節習慣的累積而成。所以，一旦養成良好的細節習慣，就不會再被刻意堅持好習慣與糾正壞習慣所拖累，相反那種水到渠成、收放自如的自制力會讓你輕輕鬆鬆地就能夠把事情做得最出色。

▶ 從身邊的點滴小事做起

細節存在於我們身邊的每一件小事之中。嚴格遵守工作時間，上班不要遲到，下班不早退，不因私事影響工作，良好的工作態度是細節；節約一滴水、一張紙、一度電，養成隨手關燈、關門窗的習慣是細節；對經手的事，從時間、地點的普通了解，到準備什麼、如何應對都有全盤考慮，這是細節；所拿出來的資料、撰寫的文章、產品的工藝指標都做到沒有差錯就是細節；生產中減少跑、冒、滴、漏，實現安全無事故、設備無故障、裝置長週期運行就是細節；生活中對同事、朋友的一句問候、一聲勸勉，累時端上一張椅子、渴時遞上一杯水；對每一個工藝指標的變化，每一臺設備的維護及運行情況都做到心中有數這就是細節，這些都是細節。當養成注重細節習慣後，你就會發覺不論待人接物，還是工作進展都會順手許多，效率也會大大增加。

第三章　注重細節，謹記工作之中無小事

▶ 對自己要嚴格要求

注重細節必須要嚴格要求自己。每天做好工作計畫，準備好備忘錄，事無鉅細一件一件完成，正如別人所說的，完成一件小事比計畫中的大事更有效。對上級下達的工作任務，要身先士卒，爭取每一件事情都做得到點到位，不能敷衍了事。只有在一系列細枝細節上對自己嚴格要求，才能在不知不覺中，讓一直困擾自己的粗心大意的毛病漸漸的銷聲匿跡。

▶ 訓練集中注意力的能力

身為一個企業員工，要想成為好員工就不能把精力同時集中於幾件事上，只能關心其中之一。也就是說，不能因為從事分外工作而分散了自己的精力。古代的鑄劍師為了鑄成一把好劍，必須在深山中潛心打造十幾年。「十年磨一劍」，專注能夠保證工作效率的最大的發揮，為了專心做好一件事，必須遠離那些使你分散注意力的事情，集中精力選準主攻目標，專心致志地從事自己的事業，這樣才可能成就不平凡之事。

▶ 培養自我控制的能力

每個人都兼具感性與理性，對大小瑣事都想用理智作衡量是不可能的，而且大部分行為，都是以感情為出發點，這是人性真實的一面，企業員工更是如此。往往由於別人的一句話，便耿耿於懷，動輒勃然大怒，時而血管崩漲，血液充腦部，根本無法自我控制。等到情緒過後，才懊悔當初，這是很多人的通病。由於個人某方面致命的弱點或缺陷而歸於失敗的人，在失敗者中也不在少數。這樣的人，一定要培養自我控制的能力，克服浮躁的情緒。要經常想到自己的弱點、自己的不足，既要自我崇尚、有信心，更要自我檢查、隨時修正，不斷地自我完善、自我提高。只有能自我克制的人，才能不為外界環境所左右，靜下心來的時候才能更加注意細節，把事情做好。

第四章

能力扎實，做個解決問題的高手

　　當今是市場決定利潤、利潤決定企業、企業決定老闆、老闆決定員工。僅靠「忠誠」、「責任」混飯吃的員工在老闆那裡只能「得一時」，不可能「得一切」。道理很簡單，老闆用你，是用你的能力。他用你的能力來為他做好工作、完成任務、多創造利潤。如果你在工作上沒有相對的能力去應付或者發揮不了你的「潛能」，那麼你遲早會被老闆「掃地出門」的。這就是當前職場的狀況，也是當今市場的發展狀況─做任何事，都要拿能力說話。所以，要想成為一個好員工，就要拿你的能力說話。

第四章　能力扎實，做個解決問題的高手

▌方法比態度更重要

正確的方法比執著的態度更重要。我們應該調整思維，盡可能用簡便而又正確的方式達到目標。好方法意味著高效率。

一個伐木工人在一家木材廠找到了工作，伐木工人下決心要好好做。

第一天，老闆給他一把利斧，並給他劃定了伐木的範圍。這一天，工人砍了 20 棵樹。老闆說：「不錯，就這麼做！」工人深受鼓舞，第二天，他做得更加起勁，但是他只砍了 17 棵樹。第三天，他加倍努力，可是只砍了 12 棵。

工人覺得很慚愧，跑到老闆那裡道歉，說自己也不知道怎麼了，好像力氣越來越小了。

老闆問他：「你上一次磨斧頭是什麼時候？」

「磨斧頭？」工人詫異地說，「我天天忙著砍樹，哪裡有工夫磨斧頭！」

這個工人以為越賣力，工作成果就越大，這是思維習慣束縛了他。

在工作中，我們不可能總是一帆風順的，當遇到難題的時候，絕對不應該像那位伐木工人一樣一味下蠻力去做，要多動些腦筋，看看自己努力的方向是不是正確。

杜先生是連鎖工廠的大老闆，在他所屬的眾多工廠中，有一家工廠的生產情況特別差。杜先生去找那位廠長，了解他們廠比別的廠差得多的原因。廠長說，他試了種種方法，工人就是提不起工作的熱忱。

當時正好是夜班和日班交班的時候，杜先生拿了支粉筆，走向生產線，他問一位快下的日班工人：「今天你們共鑄了幾個？」

「7 個。」那位工人回答說。杜先生拿起粉筆在地板的通道上寫了一個

很大的「7」字，就出去了。夜班工人進廠時看見地上的字，就問日班工人是什麼意思。

日班工人回答說：「剛才老闆進來，問我們鑄了幾個，我回答 7 次，他就在地板上寫了一個 7 字。」

第二天早晨，杜先生又到生產線，發現地板上「7」字已經被改為「8」字。

日班工人看見了地板上的「8」字，知道夜班的成績比他們好，不知不覺產生了競爭的心理。下班時，日班工人也很得意地在地上寫了個「9」字。此後，工廠的生產效率與日俱增。

變通講究靈活，它不從一個角度看問題，而是時常換幾個角度，以此找到合理的解決辦法。

周先生是一家大公司的高級主管，他面臨一個兩難的境地。一方面非常喜歡自己的工作，也很喜歡跟隨工作而來的豐厚薪水 —— 他的位置使他的薪水只增不減。但是，另一方面，周先生非常討厭他的老闆，經過多年的忍受，他發覺已經到了忍無可忍的地步了。在經過慎重思考之後，他決定去獵頭公司重新謀一個別的公司高級主管的職位，獵頭公司告訴周先生，以他的條件，再找一個類似的職位並不費力。

回到家中，周先生把這一切告訴了他的妻子。他的妻子是一個教師，那天剛剛教學生如何重新界定問題，也就是把你正在面對的問題換一個角度考慮，把正在面對的問題完全顛倒過來看 —— 不僅要跟你以往看這問題的角度不同，也要和其他人看這問題的角度不同。她把上課的內容講給了周先生聽，周先生聽了妻子的話後，一個大膽的創意在他腦中浮現了。

第二天周先生又來到獵頭公司，這次他是請公司替他的老闆找工作。不久，他的老闆接到了獵頭公司打來的電話，請他去別的公司高就，儘管他完

第四章　能力扎實，做個解決問題的高手

全不知道這是他的員工和獵頭公司共同努力的結果，但正好這位老闆對於自己現在的工作也厭倦了，所以沒有考慮多久，他就接受了這份新工作。

這件事最美妙的地方，就在於老闆接受了新的工作，結果他目前的位置就空出來了。周先生申請了這個位置，於是他就坐上了以前他的老闆的位置。

周先生本意是想替自己找份新工作，以躲開令自己討厭的老闆。但他的妻子讓他懂得了如何從不同的角度考慮問題，結果，他不僅仍然做著自己喜歡的工作，而且擺脫了令自己煩惱的老闆，還得到了意外的升遷。因此，在工作中，當我們遇到障礙，經過了努力仍然沒有進展的時候，就要想想是不是有更好的方法。正確的做事方法比持之以恆更重要！

▋困難一定能得到解決

儘管尋找解決問題的方法很困難，但是只要我們積極努力地去想辦法，方法總是會有的。工作中遇到困難，只要我們去積極思考，總會有方法解決它們。

在工作和生活中，所謂的「一帆風順」只不過是一句美好的祝願而已，坎坷和崎嶇總是會有的。但是我們也絕不能因為怕遇到難題就不敢去做任何事情，因為我們相信困難再多總能找到解決它們的辦法，1,000 個困難必會有 1,001 個解決的方法，方法總會比困難多！

美國鼎鼎大名的女律師詹妮芙小姐在剛出道時曾被一位老鳥的律師馬格雷先生愚弄過一次，而恰恰是因為這次愚弄使詹妮芙小姐名揚整個美國。

一位名叫妮可的小姐被美國一家著名汽車公司製造的一輛卡車撞倒，儘管當時司機踩了剎車，但不知怎麼回事，卡車卻把妮可小姐捲入車下，導致妮可小姐被迫截肢，骨盆也被碾碎。但是在員警調查此案時，妮可小

姐因為當時自己已經不是很清醒，說不清楚到底是在冰上滑倒後掉入車下的，還是被卡車捲入車下的，馬格雷先生巧妙地利用了各種證據，推翻了當時幾名目擊者的證詞，因此妮可小姐因此敗訴。

於是，絕望的妮可小姐向詹妮芙小姐求援，詹妮芙透過調查掌握了該汽車公司的產品近 5 年來的 15 次車禍原因完全相同的證據，弄清楚車禍的原因在於該汽車的制動系統有問題，急剎車時，車子後部會打轉，把受害者捲入車底。

詹妮芙打電話給馬格雷：「你隱瞞了卡車制動裝置有問題的事實。我希望汽車公司拿出 200 萬美元來給那位可憐的女孩，否則，我們將提出控告。」

馬格雷答道：「好吧，不過，我明天要去倫敦，一個星期後回來，屆時我們研究一下，再做出適當的安排。」然而一個星期後，馬格雷卻沒有露面。詹妮芙感覺自己上了當，但又不知道為什麼上當，當詹妮芙的目光掃到了日曆上時 —— 她恍然大悟，原來訴訟時效已經到期了。詹妮芙怒衝衝地給馬格雷打了電話，馬格雷在電話中得意洋洋地放聲大笑：「小姐，訴訟時效今天過期了，誰也不能控告我了！希望你下一次變得聰明些！」

詹妮芙幾乎要給氣瘋了，她問祕書：「準備好這份案卷要多少時間？」

「需要三四個小時。現在是下午一點鐘，即使我們用最快的速度草擬好文件，再找到一家律師事務所，由他們草擬出一份新文件，交到法院，那也來不及了。」祕書說。

詹妮芙小姐在屋中團團轉，突然，一道靈光在她的腦海中閃現，這家汽車公司在美國各地都有分公司，我們為什麼不把起訴地點往西移呢？因為隔一個時區就差一個小時啊！

第四章　能力扎實，做個解決問題的高手

　　而位於太平洋上的夏威夷在西十區，與紐約時差整整 5 個小時！對，就在夏威夷起訴！

　　聰明的詹妮芙終於贏得了至關重要的幾個小時，最後她以雄辯的事實，催人淚下的語言，使陪審團的男女成員們大為動容。陪審團一致裁決：妮可小姐勝訴，汽車公司賠償妮可小姐各種費用總計 500 萬美元！

　　洛克斐勒曾經一再地告誡他的員工：「請你們不要忘了思索，就像不要忘了吃飯一樣。」

　　比爾蓋茲也曾說：「一個出色的員工，應該懂得：要想讓客戶再度選擇你的商品，就應該去尋找一個讓客戶再度接受你的理由，任何產品遇到了你善於思索的大腦，都肯定能有辦法讓它和微軟的 Windows 一樣行銷天下的。」

　　只要努力去找，解決困難的方法總是有的。也只有努力地去找方法解決困難，你才有可能成功，也才會有意想不到的驚喜。

▌讓方法助你成功

　　成功確實需要付出，但付出不一定能成功，這是為什麼呢？主要是我們沒有找到正確的方法。只要我們積極努力地去付出，同時善於尋找方法，那麼我們就能慢慢地強大起來。

　　丹尼爾‧洛維格（Daniel Keith Ludwig）是美國著名的船王，可以說他是白手起家，直到後來他擁有數十億美元的資產，這和他善於尋找方法息息相關。

　　一天洛維格來到大通銀行想貸款，然而銀行工作人員看到他穿著破爛，又沒有任何的東西做抵押，就拒絕了他的申請。但是洛維格並沒有因此而放棄，他透過多種途徑，總算見到了該銀行的總裁。

　　洛維格對總裁說，他用貸款把貨輪買到後，就立即把它改裝成油輪，而且他已經跟一家石油公司連繫好了，把它出租給石油公司。石油公司將每月付給他租金，這樣他就可以用來分期還貸。並把他和石油公司的租契交給銀行，再由銀行去跟那家石油公司收租金，這樣就等於在分期付款了。

　　大通銀行的總裁認為：雖然洛維格一文不名，同時也沒有什麼信用可言，但是那家石油公司的信用卻是非常可靠的。如果石油公司同意拿著他的租契去找他們按月收錢，這自然是十分穩當的。

　　就這樣，洛維格終於貸到了第一筆款。他買下了他所要的舊貨輪，把它改成油輪，並把油輪租給了石油公司。同時他也賺到了他人生的第一桶金，然後不斷地發展，最終成了美國著名的船王。

　　洛維格的成功與精明之處，就在於他利用那家石油公司的信用來增強自己的信用，從而成功地達到了他貸款的目的。

▌第一次就把工作做好

　　每個人都有自己的職責，每個人都有自己的工作標準。醫生的職責是救死扶傷，軍人的職責是保衛國家，教師的職責是培育人才，工人的職責是生產合格的產品……社會上每個人的位置不同，職責也有所差異，但不同的位置對每個人卻有一個最起碼的工作要求，那就是：把工作做好。

　　許多職場中，很多企業的員工凡事都得過且過，工作總是做不好，在他們的工作中經常會出現這樣的現象：5% 的人不是在工作，而是在製造矛盾，無事生非地破壞性地做；10% 的人正在等待做什麼；15% 的人正在為增加庫存而「盲做」；10% 的人沒有對公司做出貢獻，但是負效勞動；20% 的人正在按照低效的標準或方法工作＝想做，但不會正確有效地做事；只有40% 的人屬於正常範圍，但績效仍然不高＝做不好，工作不理想。

第四章　能力扎實，做個解決問題的高手

　　積極的人做事總是手腳不停，無論是工人還是管理人員，手頭的工作做完了，就一定安排別的事做。他們是一專多能，比如說一個廠長，如果他覺得自己的職位比較空閒，就會做其他一些事情，以節省人力。而消極的人還存在把自己的事情做得差不多就夠了的想法，所以效率就低了。

　　可以說，把工作做好是每個員工最起碼的工作標準，任何一家公司都需要把工作做好的員工。各行各業，無不在教育能自主做好手中工作的員工。如果你能夠盡到自己的本分，盡力完成自己應該做的事情，那麼總有一天，你能隨心所欲從事自己想要做的事情。反之，如果你凡事得過且過，從不努力把自己的工作做好，那麼你永遠也無法達到成功的頂峰。

　　我們都有這樣的經歷：為了盡快結束工作，我們迅速地把某件事情做完，沒有過多地考慮細節問題，最後卻不得不重頭再做一遍；為了圖省事，我們把垃圾隨便扔在地上，清潔人員卻不得不重新撿起來，再扔一次。有時候我們浪費的是別人的時間，有時候我們浪費的則是自己的時間，而這都是因為我們沒有把工作一次做好。

　　從前，有一位地毯商人，看到有塊地毯中央隆起了一塊，便動手把它弄平了。但是在不遠處，地毯又隆起了一塊，他再把隆起的地方弄平。不一會兒，在另一個地方又隆起了一塊，如此一而再、再而三地，他試圖弄平地毯，直到最後他拉起地毯的一角，看到一條蛇溜出去為止。

　　很多人在解決工作中的問題時，只是把問題從系統的一個部分轉移到另一部分，或者只是完成了一個大問題裡面的一小部分。比如：工廠的某臺機器壞了，負責維修的師傅只是做一下最簡單的檢查，只要機器能正常運轉，他們就不會對機器做徹底檢查，只有當機器完全不能運轉時，才會引起人們的警覺。

　　在工作中，許多人都有一種只完成工作的某部分，就把工作停止放在

一邊的習慣。而且他們充分相信,他們似乎已經完成了什麼。然而,事實卻並非如此。比如足球運動員如果在臨門一腳的剎那間停了下來,收回了腳,那麼就會前功盡棄,白白浪費力氣。

工作沒做完整不僅會給自己帶來麻煩,而且也會給別人帶來麻煩,有時甚至還會給主管帶來工作上的不便,因為對於公司安排你去做的工作,如果你不去做,你的主管就要去做;如果你做不好,他就要幫你重做。從經濟學的角度來看,公司花了高薪聘請你的主管,成本遠在你之上,他花一小時所創造的工作價值可能價值你一天所創造的工作價值。從工作效率上講,當你花時間做完了一件小事,交給主管之後,你的主管發現你的工作沒有做好,那麼他就需要花時間去補充、修正,或是退回和你溝通,這樣一來,不僅浪費你的時間,而且還占用了別人的工作時間,所以你最好還是盡力把工作一次性做好。因為你把工作做好了,主管就不需要花費時間進行修補了,這樣大家的工作效率都會提高。

可以說,在工作中,低效率或者無效率所造成的隱性浪費是非常大的,比如原來只要一個人承擔的工作,由於不能把工作做好則需要兩名以上的人員來完成;本應該正確完成的簡單工作,由於工作沒有做好而出現差錯等,這些都是浪費時間和精力的行為,這些都是因為工作沒有做好所造成的損失。更可怕的是,這種錯誤還會被人們用各種各樣的藉口、理由來掩蓋住,從而導致其反覆發生,造成更大的浪費。

▍花最少的錢辦最多的事

誰是老闆心中的好員工?誰會成為企業發展的中流砥柱?只有那些關心企業績效成長並為增加業績而努力的員工。如何做到呢?花最少的錢做最多的事!

第四章　能力扎實，做個解決問題的高手

　　每年 9 月的最後一個星期六，是美國足球聯賽決賽的法定舉辦日，而決賽舉辦地往往會是某個特定城市的政府體育場，這個體育場要能容納 10 萬觀眾，並由一個聯合委員會管理。

　　為了籌集更多的資金用於體育場的管理，聯合委員會想到了吸納會員的辦法：凡向管理該場地的俱樂部繳納會費的會員，在該場館任何賽事舉行時都可優先得到最好的座位 —— 這意味著他們冬天可以免費看足球賽，夏天則是板球賽。經過很長一段時間的審批，聯合委員會共有 3 萬多名會員。

　　雖然負責足球比賽的足球協會是在使用政府的體育場進行俱樂部比賽和決賽，但足協自己也有一個大型體育場，可容納 8 萬名觀眾。大眾只要繳納一定費用便可成為足協會員，就有資格在足協體育場有比賽時有座位。

　　這一年，由於足球決賽那天聯合委員會會員占據了最好的 3 萬個座位，於是足協便就此與管理政府體育場的聯合委員會發生了衝突。聯合委員會為了維護自己會員的權益，寸步不讓。而足協則聲稱，一旦他們的會員不能優先得到那 3 萬個座位，他們就把自己的體育場擴容至 12 萬個座位，然後在自己的場地上舉行決賽。

　　在互不讓步之下，政府只好準備將足協體育場擴容至 12 萬個座位。這時，政府官員們發現了問題：儘管通往足協體育場的道路完全可以容納 8 萬人的流量，卻容納不了 12 萬人的流量。若是盲目地增加人流，那麼在大型賽事中就很容易發生因通道堵塞而導致觀眾死亡的事件。為此，政府與道路管理部門協商解決辦法，該部門管理層認為可以把道路容量加倍，但這樣做差不多要花費 1,000 萬美元。

　　政府官員自然明白，為了每一年的這麼一天而如此破費是不值得的。於是他們又去請教交通運輸部門的專家，結果得到的建議是，將現有的電

車軌道像火車軌道那樣延長，並可以透過增加電車站數量來運送觀眾到現有的電車站、火車站，但這一工程同樣耗資巨大。道路容量加倍花費高昂，增加車站數量耗資巨大。這些辦法都不可行。為了想出代價最少效果最好的方法，政府只好向市民徵求建議。

經過半年的徵集和論證，最佳的問題解決方案「出爐」：在足球比賽結束時，增加一些娛樂節目。比如用象徵性的 1,000 美元請一些樂隊前來演出 —— 畢竟對於樂隊而言這也是一次面對數萬觀眾宣傳自己的機會。這樣，有些人會陸續離開，有些人則願意多留一會兒以觀看演出。由此，道路擁擠的問題迎刃而解。結果證明，此方案實施後效果頗佳！

同樣一個難題，有些人只能想到花費 1,000 萬美元才能解決的方案，有些人則用 1,000 美元的極小代價就把極大的麻煩給擺平了。它啟示我們：做任何事情都要盡可能地把代價降至最小。為了解決問題而付出過高的人力物力財力是不值得的行為！我們必須要學會算帳，學會花最少的錢做最多的事！

▶ 減少「成本」

做任何事情，都要進行適當的投入、付出必要的代價，但投入與產出、代價與收穫之間應該保持合理、恰當的比例。因此，我們就很有必要確立「成本意識」。

成本，通俗地說，就是為實現某個目標所付出的代價。成本與收益密切相關，在既定條件下，成本越高收益越低，成本越低收益越高，要提高收益就必須千方百計降低成本。

缺乏成本意識，不計成本，不論代價，必然會造成得不償失，欲速而不達的結果。

第四章　能力扎實，做個解決問題的高手

　　以經營飯店為例。經營飯店，房租是成本的一個關鍵部分。同樣都是辛辛苦苦做一年，有人賺一百萬，有人賺十萬，這就是差距。很多飯店在選址時，往往會過度強調地理位置，而忽視了成本。一年下來，全替房東打工，賺的錢全交了房租。雖然地理位置是不可缺少的一個關鍵部分，但是應該把這種成本的代價計算進去，在房租與地理位置之間權衡利弊。如果飯店經營者成本意識淡薄，長期工作效率不高，只靠著粗放型的成長方式經營，很難長久營運下去。

　　那些做事效率較高、業績出眾的人，往往有較好的成本意識，他們在生活和工作中，都會善於用成本意識來衡量一件事情，做到該花則花，該省則省，盡可能在不損害品質的前提下，獲得最大的收益。換言之，他們總是能做到花最少的錢做最多的事。

　　美國第一顆人造衛星準備發射前，有一位公司的老闆給有關部門寫了一封信，想在衛星外面為公司做宣傳廣告。然而，有關人員對他的異想天開根本不予理睬。

　　但這位老闆卻很認真地一次又一次地給有關部門寫信，非要做成這個廣告不可。後來，這件事情被傳開了，所有人都覺得很新鮮，在衛星上做廣告，誰看得見呢？一個誰也看不見的廣告有什麼意義？難道是做給外星人看的嗎？

　　事實上，直到衛星成功發射，這位老闆的要求也未被批准，但卻被媒體炒得沸沸揚揚。很快，這位老闆和他的公司在美國便家喻戶曉，公司產品的銷量隨之節節攀升。

　　後來，有記者在採訪這位老闆時問道：「您怎麼會想到在衛星上做廣告呢？」老闆笑了笑：「當時我的公司剛剛起步，根本沒有足夠的資金去做廣告。為了達到宣傳的目的，我只能找一個根本不可行的辦法。結果，

一分錢沒花，卻比花了錢的廣告效果還要好。」

這是一個創新就是生命、省錢就是賺錢的時代，如果你善於「花最少的錢辦最多的事」，何愁成不了大業，賺不到大錢呢？

在當今的職場，能夠花小錢、辦大事的人，必定會成為傑出的人；能夠少花錢、多做事的人，必定能在主管心目中占據重要地位！

誰是老闆心中的好員工？誰會成為企業發展的中流砥柱？只有那些關心企業績效成長並為增加業績而努力的員工。如何做到呢？花最少的錢辦最多的事！

▶ 投入小，見效大

做事不但要看結果，也要看投入產出。同樣的執行，運用的方法不同，投入的成本就會有很大的差異，效果也將有很大的不同。

真正優秀的執行，是能夠以合適投入獲得最大成效的執行，這是執行到位的一大標準。

有一座寺廟門口，有這樣一副對聯：「會道的一縷藕絲牽大象，盲修者千斤鐵棒打蒼蠅」。在執行中，它正好說明了「以最合適的投入獲得最大的回報」這個觀點。

「會道」可以做多種解釋，如善於修練、能切中要點、會思考、有方法、善於解決問題等，從而達到以小搏大、四兩撥千斤的效果。

「會道的」和「盲修者」就好比兩種完全不同的執行者：前者用最小的投入，獲得了最大的效果；後者則用最大的投入，換來了最小甚至是得不償失的效果。

所以，在做事過程中，要做「會道的」，而不要學「盲修者」。要學會運用方法、技巧和時機等，以盡可能少的投入，獲得最佳的效果。

第四章　能力扎實，做個解決問題的高手

▶ 要事半功倍

要想事半功倍，就必須用更有效、更簡便、更節約的方法去做事。

有一家大型日用品公司接到了一位顧客的投訴，說他買的一盒肥皂裡面是空的。這家大公司接到顧客的投訴後，立刻通知生產線暫時停止生產，並且從包裝部門一直檢查到銷售部門，直到找出肥皂到底是在哪一環節遺失的。

然後，公司總經理要求工程師解決這個問題。很快，工程師設計了一個配備高解析度監視器的 X 光設備，它需要兩個人來監控通過生產線的肥皂盒，以保證其中沒有空盒。

無獨有偶。同城市的另一家小型日用品公司也遇到了同樣的情況，但是一名普通雇員用一種成本很低的方法就解決了這個問題。

他沒有使用 X 光監視器，也沒有使用其他昂貴的設備，而是買了一個大功率的工業風扇，然後將風扇擺在生產線旁，當裝肥皂的盒子逐一在風扇前透過時，空盒便會被吹離生產線。

儘管兩家公司都將問題解決了，但毫無疑問，第一家公司花費的成本和代價比第二家高昂得多。第一家公司是事倍功半，而第二家卻是事半功倍。

要達到事半功倍，不妨在做之前考慮清楚三個問題：是否有更多的方法？是否有更好的方法？是否有最好的方法？

其實，歸根到底要做到事半功倍，原則只有一個，那就是：花最少的錢做最多的事。

▎掌握專業的工作技能

　　無論你從事什麼職業，都應該精通它，下決心掌握自己職業領域的所有問題，比別人更精通。如果你是工作方面的專業人士，精通自己的全部業務，就能贏得良好的聲響，也就擁有了成功的祕密武器。

　　有一個關於成功的寓言故事，一直在很多企業的員工之間廣泛流傳。它取自於一個名為《飛向成功》的暢銷書，作者之一便是唐納‧克利夫頓（Donald O. Clifton）博士。

　　森林裡的動物們開辦了一所學校。開學典禮的第一天，來了許多動物，有小雞、小鴨、小鳥，還有小兔、小山羊、小松鼠。而學校為牠們開設了 5 門課程，唱歌、跳舞、跑步、爬山和游泳。當老師宣布，今天上跑步課時，小兔子興奮地在體育場上跑了一個來回，並自豪地說：「我能做好我天生就喜歡做的事！」而再看看其他小動物，有噘著嘴的，有垂著臉的。放學後，小兔回到家對媽媽說：「這個學校真棒！我太喜歡了。」第二天一大早，小兔子蹦蹦跳跳來到學校。老師宣布，今天上游泳課，小鴨子興奮地一下子跳進了水裡。天生害怕水，族群中從來沒有會游泳的小兔子傻了眼，其他小動物更沒辦法了。接下來，第三天是唱歌課，第四天是爬山課……以後發生的情況，便可以猜到了，學校裡的每一天課程，小動物們總有喜歡的和不喜歡的。

　　唐納‧克利夫頓博士說，這個寓言故事寓意深遠，它詮釋了一個通俗的哲理，那就是「不能讓豬去唱歌，也不能讓兔子學游泳」。要成功，小兔子就應跑步，小鴨子就該游泳，判斷一個人是不是成功，主要是看他是否最大限度地發揮了自己的長處。

　　許多人都曾為一個問題困惑不解：明明自己比他人更有能力，但是為

第四章　能力扎實，做個解決問題的高手

什麼成就卻遠遠落後於他人？不要疑惑，不要抱怨，而應該先問問自己一些問題：

- 自己是否真的走在前進的道路上？
- 自己是否像畫家仔細研究畫布和顏料一樣，仔細研究職業領域的各個問題？
- 為了增加自己的知識面，或者為了給你的老闆創造更多的價值，你認真閱讀過專業方面的書籍嗎？
- 在自己的工作領域你是否做到了盡職盡責？

如果你對這些問題無法做出肯定的回答，那麼這就是你無法取勝的原因。如果一件事情是正確的，那麼就大膽而盡職地去做吧！如果它是錯誤的，就乾脆別動手。

要想成為企業中的權威人物，要學會主動給自己加壓，把工作中的壓力變成學習的動力。到企業的第一年，你可能是個毛頭年輕人，那第二年，第三年呢？要想增加自身「資格」的含金量，就要主動對自己加壓不可。

如果你是一個熱愛寫作的人，那麼初到報社，你或許只能做校對或者幫讀者回信的工作，但隨著主管對你工作的認可，為什麼不多寫稿子，朝記者的方向發展呢？情況熟了，「版面」廣了，為什麼不能以版面編輯的職責來嚴格要求自己呢？主動給自己加壓，任何努力都有回報，或許在你默默地、光明磊落地「表現自己」的時候，你的主管已在一旁微笑著注意你了。

一個年輕人就個人努力與成功之間的關係請教一位長者：「你是如何完成如此多的工作呢？」長者回答說：「我在一段時間內只會集中精力做一件事，但我會徹底做好它。」

如果你對自己的工作沒有做好充分的準備，又怎能因自己的失敗而責怪他人、責怪社會呢？現在，最需要做的就是「精通」二字。

一個人無論從事何種職業，都應該盡自己的最大努力，發揮出所有的優勢，求得不斷的進步。這不僅是工作的原則，也是人生的原則。如果覺得自己一無是處，毫無特長可言，沒有了理想，失去了方向，生命就變得毫無意義。一位先聖說過：「如果有事情必須去做，就全身心投入去做吧！」另外一位智者則道：「不論你手邊有何工作，都要盡心盡力地去做！」無論你身居何處（即使在貧窮困苦的環境中），如果能以全部精力投入工作中，最後就會獲得經濟自由。那些在人生中取得成就的人，一定是在某一特定領域裡進行過堅持不懈的努力。

捕捉並善用有價值的資訊

在資訊社會，每個人都在扮演著兩個基本角色，即資訊傳遞者和資訊接受者。但是在捕捉資訊的過程中，卻有著許許多多的道理和學問，關鍵就是看你能否捕捉和善用資訊。

總有些人不去自發的搜集資訊，而只是坐在那裡等著資訊傳達到他們手上。持這種「守株待兔」的態度，當然不可能收集到有價值的資訊。

好員工要學會捕捉有用的資訊，就應該注意收集、發現和開發資訊。

古川久好曾是日本一家公司的小職員，平時的工作是為老闆做一些文書工作，跑跑腿，整理整理報刊材料。這份工作很辛苦，薪水又不高，他時刻思索著想個辦法賺大錢。

有一天，他經手的報紙上有這樣一條介紹美國商店情況的專題報導，其中有一段提到了自動販賣機。上面寫道：「現在美國各地都大量採集自

第四章　能力扎實，做個解決問題的高手

動販賣機來銷售貨品，這種販賣機不需要請店員看守，一天 24 小時可隨時供應商品，而且在任何地方都可以營業，給人們帶來了許多方便。可以預料，隨著時代的進步，這種新的售貨方法會越來越普及，必將被的商業公司所採用，消費者也會很快地接受這種方式，前途一片光明。」

古川久好於是開始在這上面動腦筋，他想：「日本現在還沒有一家公司經營這個專案，可將來也必然會邁入一個自動售貨的時代。這項生意對於沒什麼本錢的人最合適。我何不趁此機會去鑽這個冷門，經營這種新行業？至於販賣機裡的商品，應該搜集一些新奇的東西。」

於是，他就向朋友和親戚借錢購買自動販賣機，共籌到了 30 萬日元，這筆錢對於一個小職員來說可不是一個小數目。他以一臺 1.5 萬日元的價格買下了 20 臺販賣機，設置在酒吧、劇院、車站等一些公共場所，把一些日用百貨、飲料、酒類、報紙雜誌等放入其中，開始了他的新事業。

古川久好的這一舉動，果然給他帶來了大量的財富。人們第一次見到公共場所的自動販賣機，感到很新鮮，因為只需要往裡投入硬幣，販賣機就會自動打開，送出你需要的東西。一般來說，一臺販賣機只放入一種商品，顧客可按照需求從不同的販賣機裡買到不同的商品，非常方便。古川久好的自動販賣機第一個月就為他賺到 100 多萬日元。他再把每個月賺的錢投資於自動販賣機上，擴大經營規模。5 個月後，古川久好不僅早已連本帶利還清了債務，而且還淨賺了近 2,000 萬日元。正是一條有用的資訊，造就了一位新富翁。

資訊就跟空氣一樣，無處不有又無處不在。在實際生活中，不是缺少資訊，而是缺少發現資訊的眼睛。在任何時候，我們都必須利用自己敏感的神經，不放過每一個可能有用的資訊，哪怕是一點一滴的事，每一次交談，只要留心觀察，都有可能挖掘到自己要尋找的資訊。

　　成功的人，往往對任何事情都抱有好奇心，在搜集資訊時，也自然能對事物保持一定的敏感度，以便捕捉到對自己有用的資訊。

　　美國一家食品製造業，因資訊不暢而舉步維艱。他們投入資金請亞利桑那大學（University of Arizona）威廉‧雷茲教授為其提供具體可行的發展資訊。

　　威廉‧雷茲教授接受委託後，立即著手對亞利桑那地區的垃圾進行研究。這在一般人看來與資訊毫無關聯，但威廉‧雷茲教授就是在垃圾堆裡為這個公司找到了有用的資訊。

　　威廉‧雷茲教授對當地的垃圾進行了較長時間的分析研究。他與助手一起，從每天收集上來的垃圾堆中挑出數袋，然後把垃圾的內容依其原產品的名稱、數量、重量、形式等予以分類，如此反覆，進行了近一年的研究分析。

　　威廉‧雷茲教授說：「垃圾絕不會說謊和弄虛作假，什麼樣的人就丟什麼樣的垃圾。查看人們所丟棄的垃圾，往往是比調查市場更有效的一種行銷研究方法。」他透過對垃圾的研究，獲得了相關當地食品消費情況的資訊：

　　比如：勞動者階層的人喝的進口啤酒比高階層收入群體的多，並且他們知道所喝啤酒中各種牌子的比例；中等階層人士比其他階層消費的食物更多，因為雙薪都因為上班而沒有時間處理剩餘的食物。

　　威廉‧雷茲教授還透過對垃圾內容的分析，準確地了解到人們消費各種食物的情況，並得知減肥清涼飲料與壓榨的橘子汁屬於高階層人士的消費品。

　　後來，這家公司根據威廉‧雷茲教授所提供的資訊制訂經營決策，組織生產，結果大獲成功。

第四章　能力扎實，做個解決問題的高手

主動探詢、主動交流，能夠不費吹灰之力，得到珍貴的資訊。

日本一家公司計畫研發一種供應美國市場的重型機車，於是公司派出一批設計師到美國調查搜集資訊。他們與美國司機交朋友，一起開車、聊天、喝酒，了解他們的生活方式、處世哲學等情況，掌握了他們種種特殊消費需求資訊，並了解此類車的環保資訊。然後，根據搜集到的大量資訊進行設計研究，終於生產出一種完全適合美國人的重型機車，投放到美國市場後，立即成為供不應求的產品。

你不僅要知道從什麼人、從什麼地方可以得到資訊，還要知道對於你得到的資訊加以證實。你要善用資訊管道，與同業中有經驗的前輩交流、參加社團活動、利用媒體等等，擴展自己的資訊網路。

凡是自己的同學、朋友、同事以及他們認識的人，都可以成為你的資訊來源。只要你平時注意與他們來往，能把這些人融入到你的人脈資訊網路中，那就是一筆可觀的無形資訊資產。

要建立自己的資訊網路，就不能把範疇局限於公司內部。其他團體也會舉辦各種講習會或研討會，你最好爭取參加的機會。吸收一些自己欠缺的資訊，這些資訊說不定會對你大有幫助。

或許你還會認識一些同行，這樣就更加擴大了自己的資訊網路。因為在公司與同事交往久了，收穫十分有限，如果能和外面的同行結識，你不但可以接觸到和自己工作完全不同的東西，更能擴大自己的資訊量，充實自己。

現代社會，資訊資源豐富多樣。正確選擇利用資訊無疑是做好員工的一項基本功，學會選擇利用資訊更是做好生產或從事經營的一個基本要素。在大量的資訊資源中，要選擇與自己所從事的行業相關的資訊。

▶ 將資訊進行歸類整理

就是要把自己搜集到的各類資訊，分為幾大類。然後按大類分辨真假。將那些明顯虛假的資訊剔除出來，把認為是真實的或基本真實的資訊留下來，然後再細分；對那些辦起來只有好處、沒有壞處的專案作為首先應該處理的；對那些辦起來既有利益、又有風險的專案，進行一番分析對比，看是利益大還是風險大；對那些危險太大、收益又沒掌握的專案，歸為最差、最無價值的一類。把類別分清楚了，真假、好壞、優劣資訊自然也就辨別出來了。

▶ 對資訊進行綜合分析

在了解到各種行情後，往往會出現這種情況，就是大家都認為只有好處、效益又高的經營專案，反而難辦或難以辦成。因為大家看到的都是有利的條件，沒看到不利的方面，都在往這個經營專案上擠。而這一擠，就可能使形勢起變化，有利條件有可能變成不利因素，增大了困難。真正有潛力能發展的是那些既有前途又有風險、既有效益又掌握拿捏不當獲利空間的專案。為了把專案選擇好，就要對資訊和行情進行全面分析、綜合對比。辦法是把經營專案中關於好處、壞處、效益、風險的資訊，都一條一條列舉出來，然後逐條對比，分析各類資訊之間的關係，最後得出結論。

▶ 對資訊進行試驗

如果你認為某個專案不錯，但在經過綜合分析對比後，仍沒有確切掌握，未能把最真實、最有效的專案選出來，還無法下定決心，怎麼辦？有一個辦法，就是先做小型試驗，進行小範圍、小規模生產經營，根據結果再下決心。這樣，既摸清了行情，又獲取了經驗，為日後大範圍經營打下基礎。

第四章　能力扎實，做個解決問題的高手

▶ 對情況做出預測

俗話說：「做生意要有三隻眼，看天看地看久遠。」任何行情、資訊都不是靜止不動、固定不變的，而是經常隨著客觀情況的變化而波動。只有站得高一點、才能看得遠一點。預先有所準備和打算，才不至於跟在別人後面跑。現在，不少公司是看別人做什麼專案就也去做同類生產。結果往往是產品時下很流行、很搶手，但等到它費工、費錢、費時做成了，市場行情也開始變化，原來的時興變成了落伍，暢銷貨變成了滯銷貨，成為麻煩事情。怎樣才能解決這個問題呢？最好的辦法是提前時間，估量形勢，把可能發生的變化，預先加以預測，加以準備。

▌為公司提出最好的方案

企業的好員工通常都喜歡問自己：「怎樣才能做得更好？」具有這樣的問題意識，自然能夠了解自己周圍所欠缺的、不足的還有很多，這些可能正是公司今後的策略和方法。

看起來質疑自己的工作並不難，但大多數員工並沒有這樣做。

一位老闆在他的自傳上寫道：

「事實上往往有些員工接到指令後就去執行，他需要老闆具體而細緻地說明每一個專案，完全不去思考任務本身的意義，以及可以發展到什麼程度。」

「我認為這種員工是不會有出息的，因為他們不知道思考能力對於人的發展是多麼的重要。」

「不思進取的人由接到指令的那一刻開始，就感到厭倦，他們不願動半點腦筋，最好是能像電腦一樣，輸入了程序就不用思考把工作完成。」

　　所以，不斷思考改進是你必須要做的事。在你對既有工作流程尋求改變以前，必須先努力了解既有的工作流程，以及這樣做的原因。然後質疑既有的工作方法，想一想能不能做進一步改善。

　　一個人成功與否在於他是否做任何事都力求最好，成功者無論從事什麼樣工作，他都絕不會輕率疏忽。因此，在工作中就應該以最高的標準要求自己，能做到最好，就必須做到最好。這樣，對於老闆來說，你才是最有價值的員工。

　　有個剛剛進公司的年輕人自認為專業能力很強，有一天，他的老闆直接交給他一項任務，為一家知名公司做一個廣告企劃方案。

　　這個年輕人見是老闆親自交代的，不敢怠慢，認認真真地做了半個月。半個月後，他拿著這個方案，走進了老闆的辦公室，恭恭敬敬地放在老闆的桌子上。誰知，老闆看都沒看，只說了一句話：「這是你能做的最好方案嗎？」年輕人一愣，沒回答，老闆輕輕地把方案推給年輕人，年輕人什麼也沒說拿起方案，走回自己的辦公室。

　　年輕人苦思冥想了好幾天，再修改後交上，老闆還是那句話：「這是你能做的最好的方案嗎？」年輕人心中忐忑不安，不敢給予肯定的答覆，於是老闆還是讓他拿回去修改。

　　這樣反覆了四五次，最後一次的時候，年輕人信心百倍地說：「是的，我認為這是最好的方案。」老闆微笑著說：「好，這個方案批准通過。」

　　透過這件事，年輕人明白了一個道理，只有持續不斷地改進，工作才能做好。從此以後，在工作中他經常自問：「這是我能做的最好的方案嗎？」然後再不斷進行改善，不久他就成為了公司不可缺少的一員，老闆對他的工作非常滿意，後來這個年輕人被提為部門主管，他帶領的團隊業績一直很好。

　　因此，工作做完了，並不代表不可以再有改進，在滿意的成績中，仍抱著客觀的態度找出毛病，發掘未發揮的潛力，創造出最佳業績，這才是好員工的表現。

▌迎接新的挑戰

　　《周易》中寫道：「天行健，君子以自強不息。」就是說，天道運行強健不息，君子也應該積極奮發向上，永不停息才對。人面對挫折、打擊、磨難，應該沉著應對，不能被這些困難所壓倒。一個真正想成就一番事業的人，不會為一時的成敗所困擾。很多時候，打倒你的不是挫折，而是你面對挫折時所持的態度。

　　人的一生中，不可能什麼事情都是一帆風順的，總會遇到各種各樣、大大小小的困難和挫折。在社會經濟日新月異、市場競爭幾近慘烈的現代社會中，誰要想輕輕鬆鬆、毫無壓力地把工作做好，成為行業中的佼佼者，那無異於痴人說夢。

　　假如你是一個企業的老闆，你心目中的最佳員工是什麼樣？是在遇到困難時只想往後躲、推諉責任的員工，還是那些將公司的事當作自己的事、積極想辦法解決困難的員工？

　　一項對美國多個大公司 CEO 的調查顯示，CEO 們最欣賞的，就是那些主動要求做某項新工作、接受新挑戰的員工。無論能否做好，至少這些員工比那些只會被動接受工作的員工更令人欣賞，因為他們有勇氣、有信心，而且會從嘗試中學習到更多的經驗，學會更多的才能。

　　承擔的工作越富有挑戰性，工作就越有效率。承擔艱巨的任務是鍛鍊自己能力難得的機會，長此以往，你的能力和經驗會迅速提升。在完成這些艱巨任務的過程中，你可能會感到一些痛苦，但痛苦卻會讓你變得更加成熟。

　　小鄭剛到一家機械裝備公司做業務員，因為還在試用期，所以，還沒有機會承攬多少業務。總經理從某些管道得知，某小城需要他們公司的機械設備產品，就有意選派人員前往。大家都知道這項任務吃力不討好，當地的生活條件艱苦不說，工作上還很難出成績，於是，大家紛紛找理由推諉，有的說自己手上的案子要跟進，有的說家裡有事不能離開。小鄭向來有不服輸的性格，就主動攬下了這項艱巨的任務。

　　到了那裡，小鄭才發現，當地的情況比想像中的還要糟糕，在小城出差的日子並不如意，令人有度日如年的感覺。更讓小鄭灰心的是，在該城連繫的幾家工廠，都沒有採購他們的產品，雖然小鄭盡了最大的努力，但只有一家簽了初步合作的協議。

　　回到公司後，因為小鄭勇於接受高難度的工作任務，不推三阻四，老闆並沒有責怪他。恰恰相反，還對小鄭的工作給予了肯定，認為他有進取心、有責任感，勇於接受挑戰。試用期一過，小鄭就順利地轉為正式員工。從此以後，小鄭工作上更加積極，公司也對他青睞有加。很快，小鄭就獨當一面，被公司任命為一家分公司的經理。

　　不要以「我沒做過」之類的話做藉口，工作的過程本身就是一個學習過程。不怕做不了，就怕不去做。不敢去嘗試的員工，永遠也開創不了新天地，只能在自己的狹小世界中徘徊。那些喜歡找藉口的員工，往往將自己的失敗歸咎於工作的困難和對手的強大。在遇到困難和挫折的時候，不是積極地去想辦法克服，而是去找各種各樣的藉口為自己的懶惰和灰心找理由。

　　不要難字當頭，喋喋不休，讓人見到你就覺得「又來了一個問題」。除了自己，沒有任何人可以使你沮喪消沉。戰勝不了自己的消極心態，就等於剝奪了個人成功的機會，最終使自己一事無成。要知道，勇於向「不可能完成」的工作挑戰，才是你獲得成功的基礎。

第四章　能力扎實，做個解決問題的高手

　　職場之中，很多人雖然頗有才學，具備種種獲得老闆賞識的能力，但是卻有個致命的弱點：缺乏挑戰的勇氣，沒有創意，只做固定的工作，不斷模仿他人，不求自我創新、自我突破，並認為多做多錯、少做少錯。對不時出現的那些異常困難的工作，不敢主動發起「進攻」。高難度的工作或許蘊藏著失敗的可能，但是勇於挑戰的精神是值得肯定的。通常公司主管絕不會盲目批評和責備，而會清楚地看到你的努力。

　　在企業發展的過程中，總會不可避免地遭遇到各種問題的困擾，企業迫切需要的是那種能及時解決問題的人才。企業聘用一個人，給他一個職位，給他與這個職位相對的權力，目的是為了讓他完成與這個職位相對應的工作，而不是讓他在這個職位上「休養生息」。

　　善於尋找方法去解決工作中的問題和困難，是一個人決勝職場的根本，更是一個企業保持旺盛競爭力的保障。企業永遠對那些主動尋找方法挑戰困難的員工格外垂青，這樣的人才是企業的「福音」。

　　工作中遇到林林總總的問題時，不要幻想逃避，更不要依賴他人，而要勇於面對和迎接。外界的挫折和困難無處不在，成功的機會與這些挫折和困難相隨，你面臨的最大問題既不是困難過於強大，也不是機會之神不眷顧，而是你自己的怯懦和退縮。

　　很多人都害怕工作中遇到問題，唯恐有問題影響工作進度和品質。其實，天下沒有解決不了的問題，只是暫時還沒有找到方法。現在的時代已經不是只要肯出力就能做好工作的時代了。公司聘用員工時看中的不是員工的雙手，而是員工的大腦，是希望員工能積極主動地思考，運用其判斷力為企業帶來最大的收益。

　　當然，具體分工還有輕與重之分。有的人做的工作對於整個工作來說舉足輕重，他們的收益比團隊的其他人高一些，但他們的工作相對要複雜

些、辛苦些。他們所承擔的風險和獲得的收益總是成正比的,需要付出的努力多、承擔的風險大的工作自然就會有較高的回報,正是進取心 ——這種永不停息的自我推動力,激勵著人們向更高的目標前進。它不但是員工,更是企業在競爭激烈的現代社會中立足的基本條件。一個停滯不前,一味沉溺於現狀,抱有養老觀念的員工,自然不會為企業所看重。

第四章　能力扎實，做個解決問題的高手

第五章

承擔責任，不為失敗找任何藉口

　　很多企業都在尋找各種方式和方法來提高工作績效。不過他們發現，無論是優秀的管理模式還是先進的管理經驗，一應用到自己的公司就「不靈」了，工作績效並沒有明顯的提高。這是為什麼呢？原因是員工缺乏足夠的責任感。責任與績效之間的關係應該是正比例的關係。當一方面提高時，另一方面也隨之提高；反之，當一方面下降時，另一方面也會隨之下降。所以，要提高工作績效，首先要確保員工的責任感。

第五章　承擔責任，不為失敗找任何藉口

▌責任創造完美結果

美國著名職業演說家馬克·桑布恩（Mark Sanborn）常常講郵差弗雷德的故事，因為弗雷德的責任感使他深受感動。弗雷德是美國郵政的員工，他總是十分周到並細緻入微地為他的客戶服務。有一次桑布恩去外地出差，快遞公司誤投了他的一個包裹，把它放到了別人家的門廊上。幸運的是郵差弗雷德在發現桑布恩的包裹送錯了地方後，便把他的包裹撿起來，重新放到桑布恩的住處放好，並在上面留了張紙條，解釋事情的來龍去脈，而且還費心地找來墊子把它遮住，以免遺失。弗雷德這種認真負責的精神讓桑布恩既驚訝又感動，於是桑布恩開始把弗雷德的事蹟在全國各地演講。

桑布恩說：在 10 年的時間裡，他一直受惠於弗雷德的優質服務。一旦信箱裡的郵件被塞得亂糟糟，那肯定是弗雷德沒有上班。因為只要是弗雷德在他服務的郵區裡上班，桑布恩信箱裡的郵件就一定是整齊的。

應該說弗雷德的工作是很平凡的，但是他對工作強烈的責任感使他在平凡的工作中展現出了不平凡的一面。

所以，責任保證工作績效，責任創造完美結果。當我們在工作中凡事都能盡職盡責、追求完美時，我們就會與「勝任」、「優秀」、「成功」同行。

在一所大醫院的手術室裡，一位年輕護理師第一次擔任責任護理師。

「醫生，你只取出了 11 塊紗布。」她對外科醫生說，「我們用的是 12 塊。」「我已經都取出來了。」醫生斷言道，「我們現在就開始縫合傷口。」

「不行。」護理師抗議說，「我們用了 12 塊。」

「由我負責好了。」外科醫生嚴厲地說，「縫合。」

「你不能這樣做！」護理師激動地喊道，「你要為病人負責！」

醫生微微一笑，舉起他的手，讓護理師看了看他手裡拿的第 12 塊紗布。「你是一位合格的護理師。」他說道。他在考驗她是否有責任感，而她具備了這一點。

在醫院裡，即使是剛進入職場的護理師，她的責任感也足以使她對病人負責，保證病人的安全。在企業裡，好員工的責任意識也是如此。

現在，很多企業都在尋找各種方式和方法來提高工作績效。不過他們發現，無論是優秀的管理模式還是先進的管理經驗，一應用到自己的公司就「不靈」了，工作績效並沒有明顯的提高。

這是為什麼呢？答案就是員工缺乏足夠的責任感。責任與績效之間的關係應該是正比例的關係。當一方面提高時，另一方面也隨之提高；反之，當一方面下降時，另一方面也會隨之下降。所以，要提高工作績效，首先要確保員工的責任感。

美國獨立企業聯盟主席傑克‧法里斯曾經講起他少年時的一段經歷。

13 歲時，他就開始在父母經營的加油站裡工作。那個加油站裡有三個加油泵、兩條修車地溝和一間打蠟房。法里斯想學修車，但他父親卻讓他在前臺接待顧客。

當有汽車開進來時，法里斯必須在車子停穩前就站到司機門前，然後忙著去檢查油量、蓄電池和水箱等。在工作中，法里斯注意到，如果他做得好的話，顧客大多還會再來。於是，法里斯總是多做一些，幫助顧客擦拭車身、擋風玻璃和車燈上的汙漬等。

有段時間，每週都有一位老太太開著她的車來清洗和打蠟。但是，這位老太太極難打交道，每次當法里斯清洗完畢後，她都要再仔細檢查一遍，讓法里斯重新打掃，直到清除掉每一縷棉絨和灰塵她才滿意。

第五章　承擔責任，不為失敗找任何藉口

終於，法里斯忍受不了了，他不願意再為她服務了。然而，他的父親卻告誡他：「孩子，記住，這是你的責任！不管顧客說什麼或做什麼，都要努力做好你的工作，並以應有的禮貌去對待顧客。」

父親的話讓法里斯深受震撼，法里斯回憶說：「正是在加油站的工作使我學到了嚴格的職業道德和負責的工作態度。這些東西在我以後的職業生涯中達到了非常重要的作用。」

▋勇於對結果負責任

對個人來說，任何偉大的人生都是你每天結果的累加。沒有每天的結果，就沒有偉大的成就。

結果是什麼？結果是行動的落實、目標的實現、任務的達成，是贏得勝利、取得成功的標誌！一次沒有結果的行動是無效的，是沒有價值的；而一次與目標結果相反的結果則是具有破壞性和毀滅性的，會毀掉一個企業！勇於對結果負責任，才能確保每一次任務、每一個行動，都具有實際效用和價值！

格富斯特講了一個簡單的故事，從這個故事中，也許會讓你對為結果負責有一個更深層次的感悟。

作為一個大眾演說家，富斯特發現自己成功的最重要一點是讓顧客及時見到他本人和他的材料。事實上，這件事情如此重要，以至於富斯特管理公司有一個人的專員工作就是讓他本人和他的材料及時到達顧客那裡。

「最近，我安排了一次去多倫多的演講。飛機在芝加哥停下來之後，我往公司辦公室打電話以確定一切都已安排妥當。我走到電話機旁，一種似曾經歷的感覺浮現在腦海中：

8 年前，同樣是去多倫多參加一個由我擔任主講人的會議，同樣是在芝加哥，我給辦公室裡那個負責材料的琳達打電話，問演講的材料是否已經送到多倫多，她回答說：『別著急，我在 6 天前已經把東西寄出去了。』『他們收到了嗎？』我問。『我是讓聯邦快遞送的，他們保證兩天後送達。』」

從這段話中可以看出，琳達覺得自己是負責任的。她獲得了正確的資訊（地址、日期、連絡人、材料的數量和類型），她也許還選擇了適當的貨櫃，親自包裝了盒子以保護材料，並及早提交給聯邦快遞，為意外情況留下了時間。但是，正如這段對話所顯示的，她沒有負責到底，直到有確定的結果。

富斯特繼續講他的故事：

「那是 8 年前的事情了。隨著 8 年前的記憶重新浮現，我的心裡有些忐忑不安，擔心這次再出意外，我接通了助手艾米的電話，說：『我的材料到了嗎？』」

「『到了，艾麗西亞 3 天前就拿到了。』她說，『但我給她打電話時，她告訴我聽眾有可能會比原來預計的多 400 人。不過別著急，多出來的也準備好了。事實上，她對具體會多出多少也沒有清楚的預計，因為允許有些人臨時到場再登記入場，這樣我怕 400 份不夠，為保險起見寄了 600 份。還有，她問我你是否需要在演講開始前讓聽眾手上有資料。我告訴她你通常是這樣的，但這次是一個新的演講，所以我也不能確定。這樣，她決定在演講前提前發資料，除非你明確告訴她不這樣做。我有她的電話，如果你還有別的要求，今天晚上可以找到她。』」

艾米的一番話，讓富斯特徹底放下心來。

艾米真正做到了對結果負責任，她知道結果是最關鍵的，在結果沒出來之前，她是不會休息的 —— 這是她的職責！

第五章　承擔責任，不為失敗找任何藉口

許多人說：「結果並不重要，重要的是過程。」這是一種非常不實際的觀點，懷著這種所謂的「超然」心態去做事，其結果只能是失敗。

可以說人們對於成功的定義，見仁見智，而失敗卻往往只有一種解釋，失敗就是一個人沒有達到他所設定的目標，而不論這些目標是什麼。

如果你想成為卓越的人才，如果你想要成功，那麼最關鍵的要素就是：「你是否對結果真正負責」。

放眼望去，那些在工作中關心結果的人，生命價值得到了展現；那些對結果負責的人，人生價值更是得到了提升，所以，從現在開始，讓我們對結果負責！

▍明確責任才能鎖定結果

曾有一名公車司機行車途中突發心臟病，在生命的最後一分鐘裡，他做了三件事：

第一，把車緩緩地停在馬路邊，並用生命的最後力氣拉下了手煞車。

第二，把車門打開，讓乘客安全地下了車。

第三，將引擎熄火，確保了車和乘客、行人的安全。

他在做完了這三件事後，便安詳地趴在方向盤上停止了呼吸。

工作就意味著責任，無論你所做的是什麼樣的工作，都需要我們去盡職盡責地完成！這樣你所做的事情就是充滿意義的，你就會獲得尊重和敬意。

一個性情柔弱、多愁善感的女孩，在結婚、有了孩子之後，很快就會變成一個性格爽朗、身體健康、忙忙碌碌的母親；一個以前曾經陷入失戀情緒而不能自拔的男孩，在做了丈夫之後，很快就變成了一個肩膀寬闊、沉穩大氣、懂得為謀生而計畫的堅強男人。這就是鎖定責任的結果。

然而，鎖定責任不僅存在於你的家庭之中，還存在於你的社會角色之中。因為富有責任感，是你在社會上立足並獲得成功最關鍵的、最重要的一種工作素養。

工作中，如果我們每個人都充滿責任感地對待工作，對遇到的問題設法解決，就能夠排除萬難，甚至可以把「不可能完成」的任務完成得相當出色。但是，如果一個人一旦失去責任感，不能夠很好地去對待自己的工作，那麼即使是自己最擅長的工作，也會做得一塌糊塗。

責任就是對自己所負使命的忠誠和信守，責任就是對自己工作出色的完成，責任就是忘我的堅守，責任就是人性的昇華。如果一個人希望自己一直有傑出的表現，就必須在心中種下責任的種子，讓責任成為鞭策、激勵、監督自己的力量。

在實際工作中，很多人都認為自己的工作已經做得很好了。但是，你真的已經發揮了自己最大的潛能而把事情做到自己滿意的結果了嗎？每一個人都擁有自己難以估量的巨大潛能，假如能夠以負責的態度工作的話，就能夠把自己身上的潛能最大限度地發揮出來，而把結果做得卓越。

▎責任釋放熱情

熱情是工作的動力，沒有動力，工作中就難以釋放自身潛力，也就難有突破。熱情能夠創造不凡的業績，缺乏熱情的人在工作上必然會試圖逃避責任，疲沓渙散，應付了事，最終將一事無成。只有勇於承擔責任的人才能在工作中踏實肯做，最大程度地發揮才能，取得傲人業績。

很多人在工作時只是將工作當作自己生存的工具，透過工作來養家糊口。這樣的人永遠不會得到老闆的器重和信賴，沒有哪個主管願意去提升一個毫無熱情的員工。在工作中充滿熱情的人，才會達到許多意想不到的

第五章　承擔責任，不為失敗找任何藉口

結果，熱情能把夢想變成現實。

麥當勞奠基人彼得·里奇（Peter Ritchie）率部打入澳大利亞餐飲市場時，在雪梨東部開了一家麥當勞速食店。當時，一個叫查理·貝爾（Charlie Bell）的年輕人正在上學，他每天上學放學都要經過那裡。貝爾的家境不太好，上學的學費都是東拼西湊來的。1976 年，16 歲的貝爾走進了這家麥當勞店，他想透過在麥當勞打工賺點零用錢。他被錄取了，工作是打掃廁所。

掃廁所的工作又髒又累，沒人願意做。但貝爾卻做得任勞任怨。他的眼裡似乎總有工作要做。他每天放學後就過來，先掃完廁所，接著就擦地板；地板擦乾淨後，他又去幫著其他員工翻翻烘烤中的漢堡。一件接一件，他都細心學，認真做。彼得·里奇每天都注意觀察工作起來充滿熱情的少年，心中暗暗喜歡。沒多久，里奇就說服貝爾簽署了麥當勞的員工培訓協定。從此，貝爾開始接受正規職業培訓。培訓結束後，里奇又讓他練習在店內各個職位。雖然只是做計時工，但因貝爾勤奮努力和出眾的悟性，很快就全面掌握了麥當勞的工作流程。19 歲時，貝爾被提升為澳大利亞最年輕的麥當勞店面經理。

年輕的貝爾迎來了更多施展才華的機會。經過不斷努力，他先後擔任了麥當勞澳大利亞公司總經理，亞太、中東和非洲地區總裁，歐洲地區總裁及麥當勞芝加哥總部負責人等。2002 年，貝爾被任命為麥當勞（全球）董事長兼執行長。

熱情是人類共有的東西，沒有人能夠阻止你去燃燒你的熱情。用熱情去工作，用熱情去感染和感動身邊的每一個人，用熱情去做人、做事，用熱情使生命更加成熟。時刻銘記下面這些可以激發你工作熱情的方法，你就可以找到你想得到的東西！

- **始終以最佳的精神狀態工作**：剛剛著手工作時熱情四射的狀態，幾乎每個人在初入職場時都經歷過。可是，一旦新鮮感消失，工作駕輕就熟，熱情也往往隨之湮滅。所以，保持對工作的新鮮感是保證你工作有熱情的有效方法。要想保持對工作恆久的新鮮感，你必須改變工作只是一種謀生手段的認知，把自己的事業、成功和目前的工作連接起來。其次，還要給自己不斷樹立新的目標，挖掘新鮮感，並且審視自己的工作，看看有哪些事情一直拖著沒有處理，然後把它做完。

- **自動自發地工作**：當工作依然被無意識所支配的時候，很難說我們對工作的熱情、智慧、信仰、創新能力被最大限度地激發出來了，也很難說工作是卓有成效的，只不過是在「過工作」或「混工作」而已。工作最重要的是一個態度問題，是一種發自肺腑的愛，一種對工作的真愛。工作需要熱情和行動、努力和勤奮，需要一種積極主動、自動自發的精神。只有以這樣的態度對待工作，才可能獲得工作所給予的更多的獎賞。

- **變消極拖延為積極行動**：拖延對任何一位員工來講，都是最具破壞性、最具危險的惡習，因為它使人喪失了主動的進取心。而更為可怕的是，拖延的惡習具有累積性，唯一擺脫這一惡習的方法就是——積極地行動。做事拖延的人絕不是稱職的員工。存心拖延逃避，總能找出絕佳的託辭來安慰自己。所以，如果你發現自己經常為了沒做某些事而製造藉口，或是想出千百個理由來為沒有如期實現計畫而辯解，那麼現在正是該面對現實好好做人的時候了。

第五章　承擔責任，不為失敗找任何藉口

▌承擔責任贏得機會

　　無論你從事的是怎樣的職業，都應該盡職盡責地把自己的本職工作做好，只要你還屬於企業的一員，你就有責任在任何時候維護企業的利益和形象。沒有責任感的員工是不能成為一名好員工的，同樣，也不會是企業所需要的員工。

　　任何一個老闆都很注重員工的責任感，可以說，員工沒有責任感，企業就不能成其為一個企業，員工的責任感在很大程度上能決定一個企業的命運。對企業來說，正因為有了有責任感的員工，盡職地做好各項工作，才能保證企業的發展，提高競爭力。也只有那些勇於承擔更多責任的員工，才可能被賦予更多的使命，在企業中擔當重任，有資格獲得更多的報酬和更大的榮譽。因此，對於員工而言，多點責任也意味著多些個人發展的機會。

　　同時，員工責任感的匱乏，往往會成為一個企業營運不善的直接原因。那些缺乏責任感的員工，不會視企業的利益為自己的利益，不會處處為企業著想，也自然不會受到企業的歡迎。相反，那些粗心、懶惰、沒有責任感的員工一定都是老闆要解聘的對象。

　　小張和小王在同一家瓷器公司做員工，他們倆工作一直都很出色，主管也對這兩名員工很滿意，可是一件事卻改變了兩個人命運。

　　一次，小張和小王一起把一件很貴重的瓷器送到客戶的商店。沒想到貨車開到半路卻壞了。因為公司有規定：如果貨物不在規定時間送到，要被扣掉一部分獎金；於是，小張二話不說，抱起瓷器一路小跑，終於在規定的時間趕到了地點。這時，打著如意算盤的小王想著，如果客戶看到我抱著瓷器，把這件事告訴老闆，說不定會幫我加薪呢。於是，小王搶著從

小張懷裡抱過瓷器，卻一下沒接住，瓷器一下子掉在了地上，「嘩啦」一聲碎了。兩個人都知道瓷器打碎了意味著什麼，一下子都呆住了。果然，兩人回去後，遭到老闆十分嚴厲的批評。

隨後，小王偷偷對老闆說：「老闆，這件事不是我的錯，是小張不小心弄壞了。」

老闆把小張叫到了辦公室。小張把事情的經過告訴了老闆。最後說：「這件事是我們的失職，我願意承擔責任。小王年齡小，家境不太好，我願意承擔全部責任。我一定會彌補我們所造成的損失。」

兩人一起等待著處理的結果。一天，老闆把他們叫到了辦公室，當場任命小張擔任公司的客戶部經理，並且對小王說：「從明天開始，你就不用來上班了。」

老闆最後說：「其實，那個客戶已經看見了你們倆在遞接瓷器時的動作，他跟我說了事實。還有，我看見了問題出現後你們兩個人的反應。」

小王推卻責任落得個失業的下場，而小張只是多了點責任感，就輕易地獲得了升遷的機會。機會就是喜歡更有責任感的人，老闆就是喜歡有責任感的員工。

盡職盡責就是要勤懇努力、兢兢業業，不計個人得失，時刻為企業的利益著想。工作中的很多失敗都源於責任感的缺乏。責任感是做好每一份工作的必要前提。因此，任何一家企業都會毫不猶豫地剔除不負責任的員工，而那些盡職盡責的人則備受歡迎。

作為一個員工，更要建立起負責任的觀念，抱著多做一點、勇於多擔一點責任的心態，才能很快進入狀態，取得最佳的結果。

第五章　承擔責任，不為失敗找任何藉口

▍做每件事都要盡職盡責

　　一名負責任的員工應該做的事情一定會保質保量地完成。而一名不負責任的員工往往會認為，自己不做也會有人來做；自己有點不負責不會有人發現，或對企業不會有什麼損失。

　　如果總是抱著這些想法，不管你的自身條件有多好，要想在公司受到重視都很難。而且這種不負責的態度，隨時有可能給公司造成損失。事實上，只要你是企業的一員，你就有責任在任何時候維護企業的利益和形象。一個公司能夠取得輝煌的成就，是公司中的每一名員工盡職盡責地做好每一件事贏來的，這一點你也不例外。

　　在一家公司裡，你做好本職工作是你拿薪資的條件。但是，即使你在本職工作上做得再好，最多證明你是一個稱職的員工，因為在職場裡永遠沒有分外的工作。如果能把不是你分內的工作做好，則肯定能獲得老闆格外的信任和依賴。成功的人永遠比一般人做得更多更徹底。如果你只是從事你報酬分內的工作，那麼你將無法爭取到人們對你的有利評價。

　　有些員工常常會這樣認為：只要把自己的本職工作做好就行了。對於老闆安排的額外的工作，不是抱怨，就是不主動去做。要知道這樣的員工，不會獲得升遷加薪的機會。你要趕緊改變自己現在的想法了。如果你想證明自己還能做得更好，你想獲得老闆的器重，就需要做超過你薪資價值的工作。你的行動將會促使與你的工作有關的所有人對你做出良好的評價，否則你只會平庸下去。

　　任何一個老闆都會非常注重員工的責任感。有較強責任感的員工不僅能夠得到老闆的信任，也為自己的事業在通往成功的道路上奠定了扎實的基礎。

　　一家跨國公司準備招聘一名管理人員，待遇非常優厚。因此，來應聘的人很多，而且許多人看上去都精明幹練。

　　因為面試題很簡單，而且只有一道題，就是談談你對責任的理解。面試的人一個個進去又一個個出來，大家看起來都是胸有成竹。但也有些人覺得很奇怪：公司怎麼會用這樣簡單的一道題來招聘？

　　結果出來後，出乎所有人的意料：一個人都沒有被錄取。難道這家大公司存心不想招人？

　　「其實，我們也很遺憾，我們非常欣賞各位的才華，你們對問題的分析也普遍很到位，這令我們很滿意。但是，我們這次考大家的還有一道題，可令人遺憾的是，另外的一道你們都沒有回答。」招聘人員解釋說。

　　大家面面相覷：「還有一道題？」

　　「是的，這道題就是躺在門邊的那個掃把。在進來的所有人中，沒有一個人把它扶起來。這說明，你們雖然對責任的理解都很深刻，但卻遠不如盡職盡責地做一件小事，後者才更能顯現出你的責任感。因為公司的每一件事，員工都應該當作自己的事。」招聘人員最後說。

　　如果你是一位有責任感的員工，並且總在考慮怎樣做才能更好地維護公司的利益，你的這種責任感，一定會讓主管對你青睞有加，並讓你成為一個值得信賴的人，你被委以重任的機會也就會比其他人多。盡心盡責地做每一件事，最重要的一點，就是要培養自己的責任感。你需要時刻牢記：在你的工作歷程中，永遠沒有分外的工作。

　　要像別人獲得成功那樣，做出一些人們意料之外的成績來，尤其留意一些額外的責任，關心一些本職工作之外的事，做一些分外之事，時時刻刻去想著為老闆解決一些實際的困難。

第五章　承擔責任，不為失敗找任何藉口

▌藉口意味著不負責任

你是一個經常推卸責任的人嗎？你也許總是在抱怨，自己工作沒做好是因為主管分配任務不合理；你與別人一起完成某項任務，結果出現了許多問題，你會把責任推給對方；做某件事時，你總是出現這樣或者那樣的錯，你總是說，那是因為自己運氣不好。諸如此類的藉口，你究竟找出過多少？

拒絕任何藉口，承擔屬於自己的責任是每一個人應有的優秀素養。只有對自己的行為負責，對公司和老闆負責，對客戶負責的員工，才是老闆心目中的好員工。不要以為你推卸了責任可以做到「神不知，鬼不覺」，也不要因此而沾沾自喜，不要把老闆都當作不明是非的糊塗蟲。如果你經常推卸責任，可是老闆仍然重用你，並不代表他不知道或願意容忍你的做法，最可能的原因可能是他一時還沒有合適的人來替代你，或者你還有其他長處可用。但你不負責任的形象已經在他的內心定格，你升遷的可能性其實已經不存在了。而且，他沒有當面揭穿你，很可能意味著你即將被無聲地淘汰。

約翰・華特（John Walter）曾經是美國著名報紙《華盛頓郵報》（The Washington Post）的小員工，他的工作是負責報紙的派送。有一天，狂風怒號，大雪覆蓋了整個天空，天氣異常寒冷。而他這時卻要騎車穿過幾個街區去送報紙。當他送完其他客戶的報紙，來到最後一家時，卻發現車裡的報紙不見了，他知道，那肯定是遺失在路上了。於是，他沿著來時的路找了一遍，結果沒有找到。他又問了一遍沿途的店鋪，也沒人看到。

這件事如果讓老闆知道了，對他這個剛進入職場不久的小員工可不是什麼好兆頭。一捆報紙雖然沒有多少錢，而且訂報的公司也未必會發現，即使發現了也未必追究。要不要回去坦白地告訴老闆呢？這樣會不會受到

老闆的批評？還是等追問起來再找理由呢？如果他不說，也許再也不會有人問起。如果有人問起，也可以找點理由搪塞過去。但這樣做，則意味著自己道德和責任的缺失。這樣一件小事，約翰‧華特仍然很認真地思考了很久。最後，約翰‧華特決定向老闆彙報此事，聽候老闆的處理。

回到公司，他主動找到老闆說：「我在路上丟了一捆報紙，您在我的薪水裡扣吧，或者，下次我去送報紙時補償給他們。」

老闆開始皺了皺眉頭，但看著約翰凍得發紫的臉，他微笑起來，說：「從今天開始，你的薪水每週加一美元……」

約翰驚訝地看著老闆，懷疑自己聽錯了。

「我們就需要像你這樣負責任的員工，但下次不能再丟了！」老闆微笑著說。

這位老闆後來調任別的公司當經理時，推薦約翰當了他的接班人。

藉口是滋生新錯誤的溫床。把精力都放在找藉口上，最大的本事將是不怕犯錯誤。任何藉口都是推卸責任。在責任和藉口之間，好員工會選擇責任而拒絕藉口，這展現了他積極的生活和工作態度。

好員工總是把自己的工作做得新奇而愜意，對他來說，這樣的工作是快樂的，充滿了各種機會和選擇。從一定意義上講，符合內心需求的工作就是最合適的工作，需求是一種力量、一種渴望和一種熱情。

但並不是你從事的每個工作都能符合你的心意，你可能在有意識或無意識中感覺到它在某些時候讓你厭煩，這時，你需要做的就是學會去愛你現在所從事的工作。你要善於發現自身優點與工作的完美結合點，你能夠怎樣利用自身優勢，把當前的工作做好。只要你能經常出色地完成自己的任務，就說明你與工作是有「共同語言」的。如果這樣的話，熱愛本職工作又怎麼會成為你「不甘心」的事呢？

第五章　承擔責任，不為失敗找任何藉口

　　如果一項工作失敗，首先應該想到的是：自己錯在哪裡？其次，要找出犯錯的原因；最後要調整自己的行為方式，保證下次不再犯同樣的錯誤。很多員工往往是出現問題不積極、主動地加以解決，而是千方百計地尋找藉口，致使工作無績效，業務荒廢。藉口也就變成了一面擋箭牌。事情一旦搞砸了，就能找出一些冠冕堂皇的藉口，以換得他人的理解和原諒。但長此以往，因為有各式各樣的藉口可找，人就會疏於努力，不再想方設法爭取成功，而把大量時間和精力放在如何尋找一個合適的藉口上。當然，遇到一些特別難以解決的問題時，可能會讓你懊惱萬分，這時候，你就要堅持一個基本原則，就是永遠不放棄，努力尋找解決問題的辦法。

　　很多有目標、有理想的人，工作、奮鬥、用心去想、去做……但是由於過程太過艱難，最後終於半途而廢。到後來他們會發現，如果他們能再堅持久一點，如果他們能看得更遠一點，他們就會終得正果。請你記住：永遠不要絕望，要堅持再努力一點，從絕望中尋找希望。即使面臨各種困境，你仍然要選擇用積極的態度去面對眼前的挫折。保持一顆積極、絕不輕易放棄的心，並從失敗、苦悶中尋求正面的看法，能讓自己有向前走的力量。要把這次的失敗視為朝向目標前進的踏腳石，而不要讓藉口成為你成功路上的絆腳石。

▋好員工不找任何藉口

　　「沒有任何藉口」是美國西點軍校 200 多年來奉行的最重要的行為準則，是西點軍校傳授給每一位學員的第一理念。在工作中，每個人都應該發揮自己最大的潛能，努力去工作以提供滿意的結果，而不是浪費時間去尋找藉口。

好員工不找任何藉口

在美國卡托爾公司的新員工錄取通知單上印有這樣一句話:「最好員工是像凱撒一樣拒絕任何藉口的英雄!」世上沒有什麼是不用費力就可以自然做成的,假如你想找一百個藉口,那麼就能找到一百個甚至比一百個還要多的藉口,這樣,你表面上得到了安慰,但你將一事無成!

每個人都有拒絕藉口、作決定於一瞬間的能力。一旦養成找藉口的習慣,你的工作就會拖拖拉拉,沒有效率,做起事來就往往不誠實。這樣的人不可能成為一個優秀的人,他們也不可能有完美的成功人生。在公司裡,這樣的人遲早會被炒魷魚。

某知名大學畢業的張志穎,學的是新聞系,形象也很不錯,被一家很知名的報社錄取了。但是,他有一個很不好的毛病,就是做事情不認真,遇到任何困難總是找藉口。剛開始上班時,同事們對他的印象還很不錯,但是沒過多久,他的毛病就暴露出來了,上班經常遲到,和同事一同出去採訪時也經常丟三落四。對此,辦公室主管找他談了好幾次,但張志穎總是以這樣或那樣的藉口來搪塞。

有一天,報社特別忙,突然有位熱心讀者打電話過來說在一個地方有大新聞發生,請報社派記者前去採訪,但是報社別的記者都出去了,只有張志穎在,沒辦法,辦公室主管只好派他獨自前往採訪。沒多久,他就回來了,主管問他採訪的情況怎麼樣,他卻說:「路上太塞了,等我趕到時事情都快結束了,並且已經有別的新聞媒體在採訪了,我看也沒什麼重要新聞價值,所以就回來了。」

主管生氣地說:「交通是很塞,但是你不會想別的辦法嗎?那為什麼別的記者能趕到呢?」

張志穎急得紅著臉爭辯道:「路上交通真的是很塞嘛,再說我對那裡又不是特別熟悉,身上還背著這麼多的採訪器材……」

第五章　承擔責任，不為失敗找任何藉口

　　主管心裡更有氣了，於是說道：「既然這樣，那你另謀高就好了，我不想看到公司員工不但不能給公司提供結果，反過來還有滿嘴的藉口和理由，我們需要的是能夠接到任務後，不管任務有多麼艱巨，都能夠想方設法完成，並且能提供結果的人。」就這樣，張志穎失去了令許多人羨慕不已的好工作。

　　在工作中，像張志穎這樣遇到問題不是想辦法解決，而是四處找藉口來推託的人並不少見，但是他們這樣做所帶來的後果就是不僅損害了公司的利益，也阻礙了自己的發展。

　　假如你拒絕任何藉口，全身心地投入自己的目標，以致沒有東西可以使你消極時，你就會對一般的困難、阻礙視而不見。你的堅毅會嚇退許多可以迷惑常人的心魔，會消減許多的困難與阻礙。

　　在結果面前千萬別找藉口！有一位美國成功學家說過這樣一段話：「如果你有自己繫鞋帶的能力，你就有上天摘星的機會！讓我們改變對藉口的態度，把尋找藉口的時間和精力用到努力工作中來。因為工作中沒有藉口，人生中沒有藉口，失敗沒有藉口，成功也不屬於那些尋找藉口的人！」

▌拒絕藉口才能保證結果

　　在人生和工作的各個環節中，學會拒絕藉口是非常重要的一環。有的員工在工作時，總是會尋找各種各樣的藉口，逃避既定的目標與公司安排，沒有必須執行的堅定決心。他們常常會用這樣的藉口 ——「我做不了這個」來開脫自己的責任，因此常在進行一件重要的工作時扯了公司的後腿。

　　如果你想成為一名好員工，你也必須看到，有一種員工在工作時，拒絕任何不成功的藉口，他們抱著必須獲得成功的自信，抱著戰勝一切困難的決心來完成公司賦予的所有工作。

　　拒絕藉口，就是要斷絕一切後路，傾注全部心血於你的事業中，抱定任何阻礙都不能使你向後轉的決心—— 只有這樣，你才能真正邁向做一名好員工的目標更近一步。

　　一家公司為選拔高素養的行銷人員，對前來應聘的人出了一道很有趣的試題：限期 10 天，把木梳盡量多地賣給和尚。許多人對這一想法感到不可思議，他們議論紛紛，「這怎麼可能呢？」「和尚怎麼會買梳子呢？」「把木梳賣給和尚有什麼意義呢？」有人甚至認為，這是公司故意出的難題。

　　很多人當場就表示難以理解這一做法而離開了，只有 10 個人願意一試，但他們的想法也各不相同。有的想，既然想成為這一家公司的員工，當然要服從安排，服從了就要去執行；有的則持觀望態度，想要看看，到底會不會有人真的能把木梳賣給和尚。於是，這些人分頭出去執行任務了。

　　限期已到，10 個人中有 7 個人一把木梳也沒有賣出，一個叫小張的人賣出了 1 把梳子，小趙賣出了 10 把梳子，只有小王最出色，他賣出了 1,000 把梳子。

　　小王向眾人講述了自己的經歷。原來，小王到了一個頗負盛名、香火極旺的深山寶剎，那裡朝聖者絡繹不絕。小王對住持說：「進香朝拜者都有一顆虔誠之心，寶剎應有所回贈，以做紀念，保佑其平安吉祥，鼓勵其多做善事；我有一批木梳，可在上面刻上『積善梳』3 個字，然後便可做贈品。」住持大喜，立即買下 1,000 把木梳，並請小王小住幾天，共同出席了首次贈送「積善梳」的儀式。得到「積善梳」的施主與香客都很高興，寺院香火也更旺。住持甚至希望小王再多賣一些不同等級的木梳，以便分層次地贈與不同的施主與香客。

第五章　承擔責任，不為失敗找任何藉口

　　最後，小王說：「我只想成為這家公司的一員，當然要服從主管的安排，服從了就要去執行，只有想方設法把木梳盡量多地賣給和尚才算是完成任務。」

　　要拒絕藉口，並不能只在口頭上說說，而是要把它徹底落實到自己的行動過程中，才算對自己負責，對公司負責。所以，當你為下面的藉口所糾纏時，不妨想一想這些以「戒掉」藉口。

　　許多員工藉口「這事與我無關」，不願承擔責任，把本應自己承擔的責任推卸給別人。一個沒有責任感的員工，不可能獲得同事的信任和支持，也不可能獲得主管的信賴和尊重。而公司作為一個團隊，絕不應該有「我」與「別人」的區別。如果人人都尋找藉口，無形中就會削弱團隊協調作戰的能力。

　　尋找藉口的人喜歡故步自封，他們缺乏一種創新精神和自動自發工作的能力。藉口會讓他們躺在以前的經驗、規則和思維慣性上舒服地睡大覺。因此，他們在工作中很難做出創造性的成績。

　　藉口太多會讓人消極頹廢。當遇到困難和挫折時，不是積極地去想辦法克服，而是去找各種各樣的藉口。其潛臺詞就是「我不行」、「我不可能」，這種消極心態最終會剝奪個人成功的機會，讓人一事無成。

　　要做一個最受企業歡迎的好員工，你就要把這些導致你失敗的藉口嚥下去，化作行動的動力。任何一個老闆都希望擁有更多的好員工，能不折不扣地完成任務。當老闆讓你做更多更重要的工作時，你如果能沒有任何藉口地完美執行，老闆一定會非常欣賞你。

第六章

結果為王，結果是檢驗一切的標準

很多人認為自己只要完成了老闆交代的任務，就是創造了業績，提供了結果。其實，任務只是結果的一個外在形式，它不僅不能代表結果，有時還會成為我們工作中的託辭和障礙。在競爭激烈的職場中，如果你不能在工作中提供較好的結果，實現人生價值的目標非但無從談起，你還會成為下一個被淘汰的人。

第六章 結果為王，結果是檢驗一切的標準

▌結果比忠誠更為重要

作為員工不要輕易責怪自己的老闆薄情寡義，因為企業經營的目的就是為了盈利，這是每個企業生存和發展的根本。所以，在工作中，忠誠固然可貴，但是結果更為重要。

某公司老闆陳總招聘了兩個年輕的女孩當自己的助手，替他拆閱、分類信件，他們的薪水與相關工作的人相同。兩個女孩均忠心耿耿，但其中的一個雖忠心有餘，但能力不足，連分內之事也經常不能做好，遭到了公司解僱。

另外一個女孩卻常不計報酬地做一些並非自己分內的工作。譬如：替老闆給讀者回信等。她認真研究老闆的語言風格，以至於這些回信和老闆自己寫的一樣好，有時甚至比老闆本人寫得更好。她一直堅持這樣做，並不在意老闆是否注意到自己的努力。終於有一天，陳總的祕書因故辭職，在挑選合適接班人的時候，陳總自然而然地想到了這個女孩。

這位女孩能力如此優秀，引起了很多其他公司的關心，有些公司紛紛提供更好的職位邀請她加入。為了挽留她，陳總多次幫她加薪，與最初當一名普通助手相比，她的薪資已經高出了五倍。儘管如此，陳總仍深感「物超所值」，其出色的業績遠非提高五倍的薪水所能匹配。

老闆希望自己的員工能創造出偉大的結果──業績，而絕不希望看到員工工作賣力卻成效甚微。即使你費盡了全部的氣力卻做不出一點實際績效，那也是沒有用的。任何一位有進取心的老闆都希望自己的員工能幹會做事，如果自己的員工都屬於平庸之輩，老闆肯定會倍感苦惱。

老闆需要能創造出優秀業績的員工。在公司最需要人才的時候，如果有一個穩健果斷、效率很高的員工出現，使本公司的工作業績一下子提升，那麼老闆才能放心地任用這樣的員工去完成一項艱巨的任務，才有可

能重用並提拔他。

好員工每做一件事都會力求完美，問心無愧。他們不僅做到「好」，更是盡最大努力做到了「最好」。他們呈交給老闆的方案在他們眼裡都是最好的方案。

某公司員工王先生自認為專業能力很強，對待工作很隨意。一天，老闆讓他為一家知名企業做個廣告企劃方案。半個月後，他把這個方案交給了老闆。誰知，老闆看都沒看就說：「這是你能做的最好的方案嗎？」王先生沒說什麼只好拿回去修改。等他再次交上時老闆還是那句話。這樣反覆了四五次，最後一次，王先生信心百倍地說：「是的，我認為這是最好的方案。」老闆微笑著說：「好！這個方案批准通過。」從這以後，王先生在工作中經常自問：「這是我能做的最好的方案嗎？」然後再不斷進行改善，不久他就成為公司不可缺少的核心成員。

因此，我們可以得出這樣的結論，工作做完了，並不代表不可以再改進。再滿意的業績中，仍抱著客觀的態度找出毛病，發掘未發揮的潛力，創造出最佳業績，這才是現今好員工的表現。

追求最佳的結果

不要滿足於差不多的工作表現，要做就做最好的，只有這樣你才能成為公司不可或缺的人才。

很久很久以前，一位有錢人要出門遠行，臨行前他把僕人們叫到一起並把財產委託他們保管。依據他們每個人的能力，他給了第一個僕人十兩銀子，第二個僕人五兩銀子，第三個僕人二兩銀子。拿到十兩銀子的僕人把它用於經商並且賺到了十兩銀子。同樣，拿到五兩銀子的僕人也賺到了五兩銀子。但是拿到二兩銀子的僕人卻把它埋在了土裡。

第六章　結果為王，結果是檢驗一切的標準

過去了很長一段時間，他們的主人回來找他們結算。拿到十兩銀子的僕人帶著另外十兩銀子來了。主人說：「做得好！你是一個對很多事情充滿自信的人，我會讓你掌管更多的事情。現在就去享受你的獎賞吧！」

同樣，拿到五兩銀子的僕人帶著他另外的五兩銀子來了。主人說：「做得好！你是一個對一些事情充滿自信的人。我會讓你掌管很多事情。現在就去享受你的獎賞吧！」

最後拿到二兩銀子的僕人來了，他說：「主人，我知道你想成為一個強人，收穫沒有播種的土地，收割沒有撒種的土地。我很害怕，於是把錢埋在了地下。」主人回答道：「又懶又缺德的人，你既然知道我想收穫沒有播種的土地，收割沒有撒種的土地，那麼你就應該把錢存到銀行家那裡，以便我回來時能拿到我的那份利息，然後再把它給有十兩銀子的人。我要給那些已經擁有很多的人，使他們變得更富有；而對於那些一無所有的人，甚至他們有的也會被剝奪。」

這個僕人原以為自己會得到主人的讚賞，因為他沒遺失主人給的那二兩銀子。在他看來，雖然沒有使金錢增值，但也沒遺失，這樣就算完成主人交代的任務。然而他的主人卻不這麼認為。他不想讓自己的僕人順其自然，而是希望他們能主動些，變得更傑出些。

人類永遠不能做到完美無缺，但是在我們不斷增強自己的力量、不斷提升自己的時候，我們對自己要求的標準會越來越高。這是人類精神的永恆本性。

對於公司的員工來說，順其自然是平庸無奇的。平庸是你我的最後一條路。為什麼可以選擇更好時我們總是選擇平庸呢？即使你可以在一年之外另外弄出一天，那為什麼不先利用好這 365 天呢？為什麼我們只能做別人正在做的事情？為什麼我們不可以超越平庸？超越平庸，選擇完美。這

是一句值得每個想成為好員工的人一生追求的格言。有無數人因為養成了輕視工作、馬馬虎虎的習慣，以及對手頭工作敷衍了事的態度，終致一生處於社會底層，不能出人頭地。

▍著手重點，保證效率

較高的工作效率可以爭取到較多的時間。相反，浪費或者不善於安排時間，則會導致工作效率低下。可見，時間與效率是相輔相成的。要想成為一名好員工，就必須認知到充分利用時間的重要性。讓時間變得寬鬆，為你增值的最好辦法就是做到著手重點，保證效率。

在每個員工的工作中，每個任務按照輕重緩急的程度，可以分為以下四個層次：重要且緊迫的事；重要但不緊迫的事；緊迫但不重要的事；不緊迫也不重要的事。做每件事情，你都應該按照這個順序來完成。

不幸的是，許多人把自己的一生花費在較緊急的事上，而忽視了不那麼緊急但比較重要的事情。

當你面前擺著一堆問題時，應問問自己，哪一些真正重要，把它們作為最優先處理的問題。

如果你聽任自己讓緊急的事情左右，你的生活中就會充滿危機。

有一位公司的經理看到卡內基乾淨整潔的辦公桌感到很驚訝。他問道：「你沒處理的信件放在哪裡呢？」

卡內基說：「我所有的信件都處理完了。」

「那你今天沒做的事情又推給誰了呢？」

「我所有的事情都處理完了。」

看到這位經理困惑的神態，卡內基解釋說：「原因很簡單，我的精力有限，一次只能處理一件事情，於是我就按照所要處理的事情的重要性，

第六章　結果為王，結果是檢驗一切的標準

列一個順序表，然後就一件一件地去做。結果，很輕鬆地就處理完了。」

我們為了個人事業的發展，也一定要根據事情的輕重緩急，做出一個順序表。人的時間和精力是有限的，若不制訂一個順序表，你會對突然湧來的大量事務束手無策。

尤其是在對各種資料的處理上，員工每天都要花許多時間來閱讀、整理和接收各種文件，但其中有一些往往是無足輕重的。因此專家建議，要學會把注意力集中在那些最重要的文件上。

先初選出被認為是重要的文件，然後將其分為「應辦的」、「應閱的」和「應存檔的」三組。

把「應辦的」組放在辦公桌的前邊和中間，把其他兩組放到自己看不見的地方。這樣可以不分散你的注意力，從而可省出許多時間。

「分清輕重緩急，設計優先順序」是時間管理的精髓。記住這個定律，並把它融入工作當中，對最具價值的工作投入充分的時間，否則你永遠都不會感到安心，你會一直陷於一場無止境的賽跑中，很難獲勝。

在你的工作時間裡，選擇最重要的事情，並且首先去完成它，就是以正確的方式做事，這是十分重要的。同時，最重要的事就是最正確的事。管理大師彼得‧杜拉克（Peter Ferdinand Drucker）曾鄭重指出：「效率是『以正確的方式做事』，而效能則是『做正確的事』。」

效率和效能實際上都不應偏廢，但當我們希望同時提高效率和效能，而效率與效能無法兼顧時，我們首先應著眼於效能，也就是「做正確的事」。

在現實生活中，無論是企業的商業行為，還是個人的工作方法，人們需要重點關心最重要的事情，首先去完成它，然後再選擇次重要的事，以此類推，最後完成所有應做的事情。

有句話叫做「向效率要時間」，就是說，較高的工作效率可以爭取到較多的時間。相反，浪費或者不善於安排時間，會出現工作效率低下的現象。可見，時間與效率是相輔相成的。要想成為一名好員工，就必須清楚準時完成任務的重要性。

某公司老闆要赴海外出差，且要在一個國際性的商務會議上發表演說。在該老闆臨行的那天早晨，各部門主管也來送行。老闆問其中

一個部門主管：「你負責的資料做好了沒有？」

對方睜著惺忪的睡眼說：「我只睡 4 小時，我熬不住睡著了。我負責的文件是以英文撰寫的，您看不懂英文，在飛機上不可能閱讀。所以我想等您上飛機後，我回公司去把文件翻譯好，再以電子信箱傳給您。」

老闆聞言，臉色大變：「怎麼會這樣。我已計畫好利用在飛機上的時間，與同行的外籍顧問研究一下自己的報告和資料，別白白浪費坐飛機的時間啊！」

頓時，這位主管的臉色一片慘白。

作為一名獨立的員工，任何時候，都不要自作聰明設計工作，期望工作的完成期限會按照你的計畫而後延。成功的人士都會謹記工作期限，並清楚地知道，在所有老闆的心目中，工作必須要在指定的時間內完成。

每個人每天面對的事情，都有個輕重緩急之分。企業員工更應如此，須知，老闆交代的重要任務，要你在何時完成，是根據事情發展需要而定的，容不得半點拖延。因此，你必須在規定時間內盡力地完成，其他相對不太重要的事則暫時放在一邊，稍後再完成。這是一個好員工必須具備的職業素養。

第六章　結果為王，結果是檢驗一切的標準

▌忙不代表著效率

　　整天忙個不停的人，工作效率未必好。有些員工經常整天忙得團團轉，只可惜到了下班時間，還有一大堆事情尚未處理，這是否意味他的忙碌是沒有意義的呢？也許你會發現，像這樣整天地忙碌，工作是缺乏效率的。

　　有些員工整天踱來踱去，罵這罵那，書桌上的公文及資料文件堆積如山，似乎有忙不完的工作，我將他們稱為「無事忙」。若是你有事請教，他會很不耐煩地轉頭說，「我很忙」。在你問題尚未說出前，就給你來個下馬威。的確，他是很忙，但這種忙碌是否具有實質意義呢？相反的，真正的好員工會對每件事都處理得井然有序，不管公司內外，大大小小的事，他都能迅速親自的處理，並且讓人一目了然，甚至有時還悠閒地表現一些幽默和情趣。

　　這到底是怎麼一回事呢？其實，很多情況下，那些忙碌的理由都是可笑的，有的甚至只是為了要將自己的能力表現給他人看，卻完完全全地與效率和合理脫節了。

　　理想的好員工在做一件工作前，應該考慮如何用最簡省的方法去獲取最佳的成效，擬定一個周密的計畫，再著手去做。若只是因一時的興起而從事工作，不但事倍功半，而且也不易成功。如果只是要將自己的忙碌告訴他人，我們可以斷定他所忙的都只是一些無聊事，因為一個工作有計畫的人，是不會那麼忙碌的。有些公司的員工總是笑臉迎人，悠哉自若卻非常有效率。一見面，他可能會直截了當地告訴你：

　　「今天我只有三十分鐘能和你談」或是「今天我的時間較充裕，我們可以慢慢談」。如果有重要事情去拜訪他，他立刻就將總務叫到辦公室：

第二天，事情就解決了。因為冷靜，所以能很快地下決斷；成天無事忙的人，是絕對沒有這種「當機立斷」的能力的。

請您記住，只有能在一天規定的八小時工作時間內將預定工作做完，才是一個有效率的、真正意義上的好員工。也只有有效率的好員工，老闆才會真正喜歡。

老闆對員工的獎勵通常是依據員工完成工作的品質與數量來進行的。務實的員工會盡量在工作中取得品質與衡量最大限度的平衡；而不務實的員工，他們只喜歡片面地追求品質或是數量並以此來贏取老闆的獎賞。

只要你從事一份工作，你就必須明白，任何草率的工作都要比兢兢業業的工作更花費時間、精力。也許你每天會從早忙到晚，甚至還需要加班才能將工作做得更好。其實，老闆並不欣賞這樣的員工，因為最忙的員工往往不是最有效率的員工。工作中講究條理性的員工往往具有較高的工作效率，他們的效率源於他們高效的工作方法：

- **先做較難的工作**：如果老闆在交代你工作之後，一直沒有再分配你新的任務。你就可以靜下心來，對這些工作進行全面的分析，找出它們的難點與共同點。平時一些員工習慣性地先做簡單的工作，到最後只會留下許多無法在短時間內完成的「難題」。這時你的注意力、精力都會較先前下降工作效率也會大不如從前。所以要學會在適當的時候先做較難的工作。這樣你才會為自己先攻克一些困難的問題而情緒高漲，工作效率也會隨之提高。

- **將最後完成的期限提前**：即要給自己留有一定的時間餘地。例如你計畫一週內完成老闆交給你的任務，你可以規定自己提前一天或兩天完成。這樣你在潛意識中會督促自己提高工作效率。同時，由於自己在此工作期間有其他的工作需要處理你還可以臨時改變自己的工作計

畫。並且你為自己留有一段時間,還可以在工作完成之後進行一些檢查,糾正一些漏洞與偏差。

- **合理安排你的作息時間**:如果你在工作期間看到有你的來信就想去讀,或想臨時處理一些私人事情,這樣做都會讓你從現在的工作中分心。在一段時間裡你想同時做好兩件事情,很難!在不同的時段,要根據自己的工作習慣與工作需要可以給自己分配不同的任務,而不要隨心所欲也不要一氣呵成只做一件事,這樣不利於保持自己清晰的思維,為此可以適當地在工作中穿插一些互補性的工作。

所以效率不是忙出來的。工作的時候,一定要分清輕重緩急合理安排自己的工作這樣才能提高工作效率,才能獲得事半功倍的效果。

▌積極提升個人業績

要想成為公司最歡迎的員工,最重要的一個要素就是,你必須時刻為提升個人業績努力。沒有一個公司喜歡墨守成規、不思進取的員工。改進自己的工作方法、改變自己的工作思路、積極提高個人業績是每個員工必須努力去做的事。因此,你必須具有主動改變、主動創新、主動進取的意識和能力。只有改變和創新才能實現工作效率和工作上的提升。

▶ 學無止境

不斷學習是一個員工成功的最基本要素。這裡說的不斷學習,是在工作中不斷總結過去的經驗,不斷適應新的環境和新的變化,不斷體會更好的工作方法和效率。只有常懷一顆上進心,工作才能取得更高的成就,才能實現更完美的目標。

哈佛大學(Harvard University)的學者們認為,現在的企業發展已經

進入了第六階段 —— 全球化和知識化階段。在這個階段，企業變為一個新的形態 —— 學習型組織，在學習型的企業組織中，無論是分配你一個應急任務，還是反覆要求你在短時間內成為某個新專案的行家，善於學習都能使你在變化無常的環境中應付自如。

曾在一家大型跨國公司擔任銷售經理的張文濤，三年來一直忙於日常事務，在與形形色色的客戶的應酬中度過每一天。現在，他的下屬是一個透過自學拿到了管理碩士學位，學歷比他高，能力比他強，在數年的商戰中獲得了豐富的經驗，羽翼日漸豐滿，銷售業績驚人。在公司最近的外貿洽談會上，他以出色的表現，令一位眼光很高、很挑剔的大客戶讚嘆不已，也贏得了總裁的青睞，委以經理重任，而張文濤則慘遭淘汰。

這些都是好學者成功的例子，他們在開始時也都做著一些普通的工作，沒有人注意他們，更沒有人會認為他們是自己的競爭對手。可是他們並沒有放棄，堅持學習，不斷地充實自己。上帝總是偏愛那些刻苦勤奮的人，不斷地努力付出總是會有回報的。

▶ 努力勤奮

過去，有人問美國的高爾夫名將蓋瑞・普萊爾（Gary Player），為什麼他的球技如此高超，經常技冠群雄，而且揮桿的姿勢那麼完美，又遠又準？蓋瑞回答：「我每天早上起床後，就拿起球桿不斷地揮，至少揮1,000 次；當雙手流血時，就包紮好，再繼續揮桿！這樣，我連續練習了30 年。」蓋瑞也反問對方：「你願意付出『每天重複一模一樣的動作 1,000 次』的代價嗎？」

今天，你對你從事的工作付出了多少的努力呢？如果你的業績比較差，最根本的原因就是你還不夠努力！

第六章　結果為王，結果是檢驗一切的標準

▶ 懂得思考

在企業裡面，我們可以看到，並不是所有努力的人都能得到同樣的結果，更不是努力就一定能夠獲得好業績。對一名好員工來說，僅僅努力還是不夠，還要懂得思考，要懂得不斷改進自己的工作方法。

在美國，年輕的鐵路郵差佛爾曾經和千百個其他郵差一樣，用陳舊的方法分發信件，而這樣做的結果，往往使許多信件被耽誤幾天或幾週之久。

佛爾並不滿意這種現狀，而是想盡辦法改變。很快，他發明了一種把信件集合寄遞的辦法，極大地提高了信件的投遞速度。

佛爾升遷了。五年後，他成了郵務局助理，接著當上了處長，最後升任為美國電話電報公司的總經理。

是的，當誰都認為工作只需要按部就班做下去的時候，偏偏有一些優秀的人，會找到更有效的方法，將效率更快地提高，將問題解決得更好！正因為他們有這種找方法的意識和能力，所以他們以最快的速度得到了認可！

在工作中，我們要注意的一點是，不能只單純講究效率，忽視了工作的正確性。單純講究效率而忽視了工作的正確與否，等忙到推倒重來時，不論是時間還是金錢均已受到損失。所以，發展一項工作之前，必須想想此項工作的必要性和可行性，而不要盲目工作。有時也需要多徵求他人意見和仔細查閱相關資訊後再做重要的決定。

▶ 創新變革

還記得前文把梳子賣給和尚的故事吧？

在這個故事中，出色地完成任務不僅僅需要鍥而不捨的精神，更需要創新的思維。只有不斷創新，才能不斷提高工作能力。

創新和變革是解決工作困境、解決前進困難的最為有力的武器，再強大的困難在創新面前也會變得不值一提。所以，要想擺脫工作困境，使個人及整個組織順利發展，就必須積極地轉變思維方式，從一個全新的角度，用一種全新的辦法來應對困難，這樣才能取得最好的效果。

創新可以幫助所有的人成就輝煌、卓越晉升。只要保持對創新的熱衷，很快就能成為最受老闆青睞的人，好的機會也就會隨之而來。值得注意的是，創新應該隨時隨地進行。很多人認為創新是一種「極端」的手段，只有在「極端」的情況出現時才有必要使用。事實上，正是這種對創新的誤解，才使他們被貼上了因循守舊的標籤，並注定了平庸的命運。創新不是什麼「極端」的手段，也不是非要等到情況不可收拾時再進行。創新就是尋找新的方法，改進現有工作方式中的不足和缺陷，所以應該是隨時隨地進行的。

▶ 自我改進

每天早晨，下定決心，力求自己把工作做得更好，較昨天有所進步。當晚上離開辦公室、離開工廠或其他工作場所時，一切都應安排得比昨天更好。這樣做的人，在業務上一定會有驚人的成就。

「今天，我們應該在哪裡改進我們的工作？」

如果你能在工作中把這句話當作自己的格言，它就會產生巨大的作用，如果你隨時隨地地要求自己不斷改變、不斷進步，你的工作能力就會達到一般人難以企及的高度。

人的身體之所以能保持健康活潑，是因為人體的血液時刻在流動更新。同樣，作為公司的一名職員，只有不斷地從學習中吸收新思想，不斷地提升自己的思考能力，才能夠在工作中獲得不斷改進的方法。

第六章　結果為王，結果是檢驗一切的標準

　　如果不斷改進成為一種習慣，將會受益無窮。一名不斷改進的職員，他的魄力、能力、工作態度、負責精神都將會為他帶來巨大的收益。

　　一桶新鮮的水，如果放著不用，不久就會變臭；一個經營良好的公司，如果故步自封就會逐漸地衰退。每個員工在每天的工作之中都要有所改進。這種自我超越式的創新精神，是每個人成就卓越的必要修練。

　　只有善於自我改進、自我超越的人，才會警覺到自己的無知及能力的不足，才能不斷地發展自我、完善自我，向成功的目標邁進。

▌結果是一切工作的要務

　　在工作中，許多員工僅僅強調「完成了工作任務」，而忽略了「工作最終的完成情況」。

　　實際上，完成任務並不等於工作取得了理想的結果，任何規則和程序都必須服從和服務於結果，工作要的是結果，結果是一切工作的要務。

　　珍妮、瑪麗、蘇姍是同一批進入手機公司的員工，但是，在試用期過後，她們的薪水卻大不相同，珍妮是 35,000 元，瑪麗是 31,000 元，而蘇姍只有 29,500 元——比在試用期時僅僅多了 500 元。

　　大衛是三個人的老闆，他的一位朋友知道這件事情後，感到非常好奇，便向大衛詢問其中的緣由。大衛說道：「在企業中，薪資始終是與員工工作的結果配合的。」見朋友還是不明白，大衛又說：「我現在讓他們三人做相同的事情，你只要看他們的表現就會明白了。」

　　於是，大衛叫來了她們三個人，然後對她們說：「現在請你們去調查一下我們的競爭對手 A 公司新手機產品的價格、功能、品質以及目前在市場上的銷售情況，而且這些資料你們都要詳細地記錄下來，在最短的時間內給我最滿意的答覆。」

一個小時後，三個人同時回到了公司。

蘇姍先做了彙報：「那家公司有我的一個同學，他非常願意幫助我，明天給我結果。為了保證明天一定能拿到結果，我準備今天晚上請他吃飯，您放心，明天一定可以您答覆。」

接著，瑪麗將自己了解到的 A 公司新手機產品的價格、功能、品質以及目前市場上的銷售情況都給了大衛。

輪到珍妮的時候，他重複報告了關於 A 公司新手機產品的功能、價格、品質以及目前在市場上的銷售情況，但不同的時，他同時還遞交了 A 公司在市場上同樣具有競爭力的其他型號的手機產品的相關詳細情況。」

此時，大衛微笑著看向朋友說：「你看，她們三個人做同樣的工作，但有的人只是對工作的程序負責，而有的人雖然完成了任務卻缺乏多做出成果的主動性，而那些能拿到更高薪水的員工卻是對結果負責的人，他是在對自己工作的價值負責。正是由於他們對於工作結果的不同看待和對待，才造成了他們在薪資上的較大差異。」

這時，大衛的朋友似有所悟地點了點頭。

實際上，正是在這種「結果是一切工作的要務」的企業價值觀的引領下，其員工在工作中才能呈現出一種高績效的狀態，為創造了巨額的效益。

結果是保證企業的發展符合計畫的要求。員工做得好不好，看成果，是賞是罰也得看成果，而不看過程，總之是要以成敗論英雄。因為企業不是慈善機構，企業要生存，要發展，這都離不開最後的結果，企業要在結果中得到利益，沒有最終的利益，一切都是白費。

作為一名員工，在工作中一定要樹立「結果是一切工作的要務」的工作理念，要想方設法去實現企業以及自己的目標，為企業創造效益；而不

只是機械性地完成工作任務，置工作成效於不顧。所以，當事情都做完了，你有一千、一萬個理由都不重要，重要的是這件事情的結果。沒有結果的努力，意味著我們將回到起點，一切都要從零開始。

總之，如果你要成為一個優秀的實踐型人才，那麼就要記住，實踐永遠都只有一個主題：實踐最重要的是結果，而不僅僅是完成任務！

▎結果第一，用業績說話

在工作中，對於老闆交代的任務，光說不做，只能得到一個「誇誇其談」的名聲，而這對於個人的發展是沒有任何好處的。一個落實的員工必須懂得用行動和業績來證明自己的能力，而不僅僅是嘴上的誇誇其談。

業績是一個企業的生存之本，每一個企業都將注重業績作為自己企業文化的重要組成部分，而且把業績觀念當作員工的重要素養。任何一個企業營運的最主要目的，都是獲得盈利，使企業的發展越做越大。這是企業存在的根本。

對於員工來說，你的工作業績最能證明你的工作能力，顯示你過人的魄力，展現你的個人價值。所以，要想成為受到公司歡迎的落實型員工，就必須用自己的成績去證明自己的能力和價值，必須對企業的發展有貢獻，這樣你才會得到企業的重用，贏得主管的賞識。同時，業績的高低也直接決定了員工的實際效益。

工作不是說出來的，而是做出來的。用行動來證明，用業績說話，就沒有人可以質疑你，更沒有企業可以淘汰你，你就是最受公司歡迎的實踐型人才。因此，我們應該以業績為導向，專注行動過程，致力於提升自己的判斷力和行動力。

美國奇異電氣公司非常重視對員工業績觀的培訓：

　　當新員工進入公司後，公司就會在員工的入廠教育中告訴他們，業績在公司文化和核心價值觀中占有非常重要的地位。而且，在奇異電氣公司中，所有員工不管是來自哈佛大學，還是來自一所不知名的學校，也不管以往在其他公司有著多麼出色的工作經歷，一旦進入公司就是在同樣跑線上開始工作，每一個員工都必須重新開始，員工現在及今後的表現比他過去的經歷更重要，衡量員工自身價值的是業績，是為公司所做的貢獻。

　　既能跟老闆同舟共濟，又業績斐然的員工，是最令老闆傾心的員工。假如你有出色的業績，你就會變成一位不可取代的重要人物；假如你總無業績可言，老闆想重用你也會猶豫，因為他不放心。

　　在 IBM 公司，每一個員工薪資的漲幅，都以一個關鍵的參考指標為依據，這個指標就是個人業務的承諾計畫。制定承諾計畫是一個互動的過程，員工和部門經理坐下來共同商討這個計畫怎麼做更切合實際，幾經修改，達成計畫。當員工在計畫書上簽下自己的名字時，其實已經和公司立下了一個一年期的軍令狀。主管非常清楚員工一年的工作及重點，員工自己對一年的目標也非常明白，所要做的就是立即去執行。到了年終，部門經理會在員工的「軍令狀」上評分，這一評價對於日後的晉升和加薪有很大的影響。當然，部門經理理也有個人業務承諾計畫，上級經理也會給他評分。這個計畫是面向所有人的，誰都不允許有特殊待遇，都必須按這個規則走。IBM 的每一個經理都掌握著一定範圍內的評分權，可以分配他領導的小組的薪資成長額度，並且有權決定分配額度，具體到每個人給多少。IBM 的這種獎勵辦法很好地展現了其所推崇的「高績效文化」。

　　在這個以業績為主要競爭力的時代，沒有能力改善公司的業績，或者不能出色地完成本職工作的員工，是沒有資格要求企業給予回饋的，最終也將因自己的業績平平而面臨被淘汰的危險。因此，對於員工來說，工作

第六章　結果為王，結果是檢驗一切的標準

必須以業績為導向。

業績是好員工的顯著標誌，沒有業績，再聰明的員工也會被淘汰出企業。但是，出色的業績絕不是口頭上說說就能得到的。要吃櫻桃先栽樹，要想收穫先付出。出色的業績需要人們在工作的每一個階段，找出更有效率的方法；在工作的每一個層面，找到提升自己工作業績的中心環節。

具體來說，以下是提高業績的幾種簡單方法：

- **以人緣來促進工作**：在一家企業裡，你是否能夠提升業績，除了自己的工作能力之外，與自己的人緣也有著很大的關係。社會是一個交際的社會，做事能力與人緣有很大的關係。人緣好的人，在社會上的形象就好，人們對他的評價也高，找人做事也容易得到同情、支持、理解、信任和幫助。所以，在你的提升業績計畫中，一定要考慮到你的人緣因素，根據人緣的好壞程度決定自己實現哪一個目標。

- **成為「做得不錯」的員工**：所謂「做得不錯」，在這裡並不僅僅指賣力，它同時還包含著對其達到預期業績的能力的肯定。在現代企業裡，僅有工作熱忱、踏實是遠遠不夠，還必須要有完成工作、達到預期目標的能力。

  的確，「他沒有其他的特長，不過很老實」，「那個人很老實，你就用他吧」，諸如此類的推薦語，如今已很難再讓人接受。福澤曾說過：「同情、支持、誠實並不是技能。」假如認為一個人誠實就可以看守保險櫃，那是大錯特錯的想法。

- **在指定時間內完成工作**：有這樣一句話：「向效率要時間」，也就是說，較高的工作效率可以爭取到較多的時間；相反，浪費或者不善於安排時間，會出現工作效率低下的現象。可見，時間與效率是相輔相成的。所以，你要在工作中提升自己的效率，在指定的時間內完成工作。

▌沒有苦勞，只有功勞

任何企業和老闆最看重的都是員工能給企業帶來實際的效益；他們在乎的不是過程，也就對所謂的苦勞沒有興趣，他們在乎的只有結果。

知名集團有一個著名的理念，就是：「不重過程重結果，不重苦勞重功勞。」

當今企業中，有許多員工存在這樣的想法。當老闆交給的任務沒有成功地完成的時候，就會產生「沒有功勞也有苦勞」的觀念，覺得老闆應該諒解自己的難處，應該考慮自己的努力因素。

工作中，我們常常也會聽到這樣一句話：「我沒有功勞也有苦勞。」特別是那些能力不夠，而且對待工作沒有盡力的員工，這句話常常被他們用來安慰自己，也常常成為抱怨的藉口。他們認為，一項工作，只要做了，不管有沒有結果，就應該算成績。

實際上，沒有功勞的苦勞不但消耗了自己的時間，還浪費了公共的資源！

在工作中，不要告訴別人你有多辛苦，你有多努力，而要說自己做成了什麼事。說得再簡單點：不僅要做事，更要做好事。只有做好事才是關鍵。

經過數十年的努力，張德華終於從一名普通的財務人員坐上了公司財務部門總監的位子，享受著優厚的薪水和福利待遇。張德華是公司的老員工，論資歷在公司很少有人能與他相比，這也養成了自以為是、目中無人的習慣。後來，隨著公司發展步伐的加快，公司陸陸續續地引進了一批新人，財務部也引進了一個知名大學的商學院畢業生。為了讓新員工盡快適應工作職位，公司要求老員工要盡量幫助新人。在新人到來之際，身為財務部的負責人，張德華口口聲聲說要多幫助這位新來的員工。

第六章　結果為王，結果是檢驗一切的標準

　　但是，沒過多久，張德華就感到到有一種壓力，因為這個新員工工作能力特別強，除了懂行銷、財務、外語和電腦，還曾經獲得珠算大賽的大獎，可謂是才華出眾。相比之下，張德華除了資歷以外，幾乎沒有什麼可以與人相比的。

　　這讓張德華感到了一種前所未有的壓力。別說幫助別人了，自己有時還得向這位新員工請教一些問題。經過暗中觀察，張德華發現這名新員工年紀輕輕，性格柔弱內向。經過一番計畫，張德華對她制定了「全面遏制」政策：處處為她設置障礙，盡量不讓她接觸核心業務，甚至連電腦也不讓她碰，美其名曰：「專人專用」。

　　但是，這並沒有難倒這位新員工，一枝筆、一把算盤，把經她之手的帳目做得漂漂亮亮、無可挑剔。幾年來，這位新員工都忍辱負重，工作上精益求精，一絲不苟，想抹殺都抹殺不了。

　　然而，張德華自己做的一些專案卻頻頻出錯。有一次，他做的一個重大專案的帳目被國稅局說有問題，面臨處罰。公司主管忍無可忍，給張德華施加壓力，讓新職員參與全面的「糾錯」。不久，公司主管又毅然決定，由新職員擔任公司財務總監，張德華負責內務，這讓他處在離職的邊緣。

　　企業要生存，員工就必須能夠解決問題、完成工作任務，而不是那些曾經做出過一定貢獻，現在卻跟不上企業發展步伐，自以為是不工作的肥貓員工。在一個憑實力說話的年代，講究能者上庸者下，任何一個老闆都不會願意拿錢去養一些無用的閒人。

　　這是一個憑成果說話的時代，在這個時代，以效率為先，憑業績說話。員工不管多麼辛苦忙碌，假如缺乏效率，沒有業績，那麼一切辛苦都是白費，一切付出均沒有價值。一切用成功說話，只有成功，員工的付出才能得到回報。

　　沒有苦勞，只有功勞，展現的是一個企業追求效率，超越自我的決心。憑業績和效益說話，才能在企業中形成良好的工作和人才環境，才能使企業不斷前進，在市場競爭中站穩腳跟並日益壯大。實際上，沒有功勞的所謂苦勞不僅消耗了自己的時間，而且還浪費了公共資源！

　　不論個人、企業、機關或其他組織，一切落實行動的依歸都是為了得到某種預期的實際結果。我們不能為了落實而落實，為了行動而行動，如果是這樣，那麼，我們很多功夫都是白費的，我們也就陷入一種有勞無獲、瞎忙碌的循環。所以說，落實行動絕不是僅僅停留在表面上的作秀，而是要始終強調切實出成效，取得可衡量的積極結果。

　　請記住，組織最迫切追求的是結果，也就是員工的勞動結果，而不是所謂的苦勞！你的努力過程是沒有價值的，只有努力的結果才有價值。簡而言之，功勞是價值，苦勞卻不是價值！

第六章　結果為王，結果是檢驗一切的標準

第七章

提升自我，不斷提升自己的綜合實力

在許多優秀企業招聘的衡量要素中，綜合實力和素養始終是被關心的重點。這是因為，綜合實力和素養才是一個員工發展潛力的最突出表現。也正因為如此，那些綜合實力及素養扎實的人，往往也是企業最需要的員工。因此，身為企業的一名員工，必須要重視自身綜合實力及素養的培養與提升，從而讓自己成為企業不可或缺的人。

▌修練自己，提高自身修養

不管是個人還是企業，衝擊和改變是不可迴避的。能調整自己，完善自己，走向「自強」的個人或企業，才會順利應變。「金無足赤，人無完人」，所以才會精益求精，完善自我的存在價值。同樣，職場也不例外。不斷完善自己，推陳出新，是職場生涯得以生存和發展的根本。

在這個極速前進的時代，有許多外在的力量將我們擊倒，且被淘汰的員工更是不計其數。所以，為了保住自己好員工的地位，完善自己，不斷充電，爭取更多的實踐機會就尤為重要了。

有一位企業家信奉的座右銘是：「要孜孜不倦地追求知識。當然這裡不是指那種很刻板的知識，還包括生活方式的認知和品味、感受，這是決定一個人是否幸福的重要方面。要在知識中找到美感，體會到享受。」

座右銘的話語中沒有說教，有的只是充滿感性的體驗。這比工作中不斷學習這一點，已經高出了許多層次。同時也說明了一個人不管是生活中的人，還是職場工作中的人，除了最基本的「學習」態度外，還有更重要的，即 —— 自身修養問題，透過各方各面「修練」自己，從而使其完善。自我修養高的人，做事自然比「單薄之人」更有發揮才能的潛能。不要以為那些毫無實利，往往是做事之外的素養決定了你能堅持走多久，走多遠。

所以職場中的好員工尤其要不斷完善自己，一時可能效果不明顯，但是「路遙知馬力，日久見人心」，很長一段時間後，你的實力就會顯現出來，將你從芸芸眾生中烘托出來，作一個「常勝將軍」。

有些做大生意的老闆尚且注重自我的不斷充實，把握時間學習，而身處職場中的員工，有何理由不充實自己呢？如果你不想被時代所拋棄，就不應該逆時代潮流而動，積極充實自己，永遠與時代脈搏的跳動相互一致。

▎不斷提升自己的工作能力

面對變化莫測的市場，越來越多的公司要求員工必須你能主動應變、能回應創新潮流。而一般員工只有掌握新的知識和技能，不斷提升自己的工作能力，才能為自己成為公司不可或缺的好員工。

要想讓自己成為公司不可或缺的人才，你就要不斷提升自己的工作能力，而培訓是提高這種能力的主要力量。同時，一般員工只有進行深入細緻的培訓，才能使自己適應經濟時代的需要，成為公司的棟梁之材，成為公司的好員工。

那麼，好員工應該從哪些方面來提升自己的工作能力呢？

- **身心健康**：身心健康指的是身體狀況和心理承受能力。身體健康的人做起工作來精神煥發、精力充沛；而心理健康則會對前途樂觀進取，並能負擔起較重的責任，而不愛因體力不濟而功敗垂成。一個好員工越是能夠堅持到最後一刻，越是有機會成功。

- **適應環境**：有的員工的專業能力不可謂不強，只是對工作、對人際關係的適應能力不強，工作不能勝任，難與人和睦相處。只要你想在職場中有所建樹，必須具備適應環境的能力。

- **對人態度**：一件事情成功的關鍵，主要取決於做事者待人處事的態度。好員工對人的態度必須誠懇、和藹可親，這樣，才能運用循循善誘的高度說服能力，贏得別人的共鳴，才能較容易地促使事情的成功。

- **談吐應對**：談吐應對可以反映出一個好員工的學識和修養。好的知識和修養，得經過長時間的磨練和不間斷的自我充實中得來。一個好員工必須做到談吐自如，才能獲得水到渠成的功效。

第七章　提升自我，不斷提升自己的綜合實力

- **反應能力**：思路敏捷是工作成功必備的要素，一個好員工必須反應敏捷。一件工作或事務的處理往往需要洞察先機，在時機的掌握上必然快人一步，如此才能促使成功，時機一過就無法挽回。

- **求知欲望**：為學之道，不進則退。不能自滿，墨守成規，不做進一步拓展，這樣，最終只能阻礙自己成長的腳步。好員工必須不斷地充實自己，為求突破，了解更新、更現代化的知識。

- **工作習慣**：從一個員工的工作習慣，可以初步看出一個人未來的發展，因為習慣可以觀察到他未來的發展。所以，身在職場，則工作習慣必須符合企業規章制度，正常而有規律，這樣，才能腳踏實地實現自己的價值。

- **操守把持**：一個員工再有學識，再有能力，倘若在品行操守上不能把持住分寸，則極有可能對企業造成莫大的損害。因此，職場中人必須明白「立人」與「立事」兩者之間，立人優先，謹行操守。

- **團隊精神**：要想做好一件事情，絕不能一意孤行，更不能以個人利益為前提，而須經過不斷地協調、溝通、商議、集合，才能有眾志成城的力量。好員工只有以整體利益為出發點，才能做出應有的貢獻。

- **敬業樂群**：一般而言，人與人的智慧相差無幾，其判別取決於對事情的負責態度和勇於將事情做好的精神，尤其是遇到挫折時不屈不撓、繼續奮鬥的精神和不到成功絕不甘休的決心。一個好員工必須具有高度敬業樂群的精神，才能對工作樂觀開朗、積極進取，並願意花費較多時間在工作上，具有百折不撓的毅力和恆心。

- **領導才能**：企業需要各種不同的人才為其工作，但在選擇人才時，必須要求其具備領導組織能力。某些技術方面的專才，雖然能夠在其技術領域內充分發揮才能，卻並不一定完全適合擔任管理工作。好員工

必須從基層開始，經過各種磨練，才能逐步由中層邁向高層，使其適
得其位，一展其才。

- **創新觀念**：企業的成長和發展主要在於不斷地創新。科技的進步是日
新月異的，商場的爭是瞬息萬變的，停留兌現狀就是落伍。一切事物
的推動必以人為主體，人的創新觀念才是制勝之道。好員工只有接受
新觀念和新思潮，才能突進自身的進一步發展，也才能進一步地鞏固
其現有的地位。

提升自己的社交能力

對人際關係進行耕耘，一定是「一分耕耘，十分收穫」。一旦你將社交
能力提升到一個新的高度，你將發現，你的工作會如此輕鬆、愜意、高效！

一個社交能力強的人，他擁有的人脈資源會比其他人更廣更深。在平
時，人脈資源可以讓你比別人更快速地獲取有用的資訊，進而轉換成工作
效率或者財富；而在危急或關鍵時刻，人脈資源也往往可以發揮轉危為安
的作用。

▶ 建立守信形象

「民無信不立」，一個人的行為必須與自己的言語相符合，不能說一
套做一套。言行不一致的人，很難建立良好的人際關係。同時，在現代社
會中，講誠信也是進行商業活動的基礎，是獲得經濟效益的一種有效手
段，信用與效益具有相輔相成的關係。

建立守信用的形象，需要從小事做起，哪怕是微不足道的一件小事，
都要以守信用為根本，持之以恆，留給他人的自然就是一個恪守信用的形
象了。

第七章　提升自我，不斷提升自己的綜合實力

▶ 樂於與人分享

分享已成為現代社會拓展人脈的利器。不管是資訊、利益還是機會，要懂得與人分享。

有些人很害怕與人分享資訊，認為這樣會把自己的機會都給分享走了。從短時間來看，或許是這樣，但是如果將眼光放長遠一點，就不會這樣認為了，因為你一個人不可能賺走所有的錢，一個人也不可能抓住所有的機會。樂於與人分享，是你在處理人際關係網方面的重要一環，與你分享的人越多，你的社交能力就會越強。

▶ 增加自己被利用的價值

人脈存在的基礎在於雙贏，如果自己沒有被人利用的價值，別人也就沒有與你建立人脈的必要。從這一點出發，若想提升自己的社交能力，你必須增加自己能被人所利用的價值，即盡自己一切力量去幫助他人。

你若能為他人做更多的事情，他人就越願意跟你建立人際關係網。這就要求你要不斷地學習各種知識、技能。這樣，你能為他人做更多的事，他人自然給你的幫助就越大。

▶ 掌握每個幫助別人的機會

紅頂商人胡雪巖倒楣時，不會找朋友的麻煩；得意了，一定會照應朋友。胡雪巖取得的成功很大程度上取決於眾人的幫助，這些人之所以要幫助他，是因為他們以前都接受過胡雪巖的幫助。投桃報李，正是人脈的要義。

▶ 增加自己亮相的機會

要多參與一些聚會、公益性質的活動，給他人認識自己創造更多的機會。這樣的場所在日常生活中是很多的，關鍵在於你自己去發現，如讀書

會、做志工、參加各種培訓班……都可以用來拓展你的人脈關係網，而且，在這樣的組織中，要盡量發揮自己的長處去幫助別人，擴大自己的影響力，在別人心中留下你的良好印象。

你認識的人多了，你的社交能力也會隨之增強。

李益源在一家建材公司做銷售，隨著他參加各類展覽會等各方面的銷售活動，認識的人也一天天地多起來。後來李益源自立門戶，不到半年的時間，李益源創建的公司就有了不少的收益，這都是得益於李益源以前做銷售時建立的關係。

可見，讓別人認識你比你認識別人更重要！許多人對人際關係的重要性沒有深刻的認知，通常也不願在這上面花更多的時間，往往到了關鍵時刻才發覺自己的人際資源太少。不妨改變一下觀念，可能就會產生截然不同的結果。

▌把自己變成「名牌」

想成為深受老闆喜歡、器重的好員工，就一定要把自己變成「名牌」，讓自己成為周圍人的榜樣，成為企業中最好員工，表現得要比其他員工更好更出色。就如同擺放在商場中同一種類型的商品，不同廠商的價格是絕不可能一樣的，最高的價格與最低的價格之間可能有十幾倍的差別。

譬如同樣是手錶，有的只需十幾元，有的卻要成千上萬元。更值得關心的是，人們卻沒有因此而大驚小怪，能夠坦然地接受。你或許會說那些價格成千上萬元的手錶是名牌啊！不錯！正是因為如此才造成了同一類型產品價格之間不同的差別，那些成百上千元的能被人所接受，便是因為它的做工精細，品質優良。其實，這個道理同樣適用於職場，如果我們想成

第七章 提升自我，不斷提升自己的綜合實力

為深受老闆喜歡、器重的好員工，就一定要把自己打造成「名牌」，讓自己成為周圍人的榜樣，成為企業中最好員工，表現得更好更出色。

管理專家指出，老闆在加薪或提拔時所考慮最多的，往往不是因為你本職工作做得好，也不是因你過去的成就，而是覺得你對他的未來有所幫助。身為員工，應該經常捫心自問：如果公司解僱你，有沒有損失？你的價值、潛力是否大到主管捨不得放棄的程度？

馬丁・路德・金（Martin Luther King）說：「如果一個人是清潔工，那麼他就應該像米開朗基羅（Michelangelo）繪畫、貝多芬（Ludwig van Beethoven）譜曲、威廉・莎士比亞（William Shakespeare）寫詩那樣，以同樣的心情來清掃街道。他的工作如此出色，以至於天空和大地的居民都會對他注目讚美：瞧，這裡有一位偉大的清潔工，他的工作做得真是無與倫比！」對一名好員工來說，就需要擁有這種敬業精神，有要讓自己成為周圍人榜樣的毅力和志氣。

陳朝陽是一個凡事力求盡善盡美的人。上學時，他每次考試都能拿到年級前三；工作後，他每次都能出色地完成任務。儘管這樣，陳朝陽還是覺得自己做得不夠好，有些地方還可以再改進一些。

陳朝陽凡事力盡完美的態度引起了總裁的注意，他問陳朝陽為什麼對自己這麼嚴格。陳朝陽說：「只有這樣，才能將自身的潛能發揮出來。」後來，陳朝陽成了總裁的助理。

我們只有做的比別人更好、更出色，才能脫穎而出，才能在競爭激烈的職場裡立於不敗之地。不要滿足於眼前的工作表現，要做最好的，才能成為不可或缺的人物，才能讓自己成為周圍的榜樣。

人類永遠不能做到完美無缺，但是在不斷增強自己的力量、不斷提升自己的時候，我們對自己要求的標準會越來越高，我們就能比原來做得更

好更出色。這是人類精神的永恆本性。對於我們來說，順其自然是平庸無奇的。平庸是你我的最後一條路。為什麼可以選擇更好時我們總是選擇平庸呢？為什麼我們不能超越平庸？

如果你是一個渴望得到重用的員工，如果你希望讓你的老闆覺得你是不可取代的，一定要從內心決定做第一，讓自己成為他人心目中的名牌。這樣在你的意識中你會有信心做到完美，你的個性也才會真正成熟起來。

「超越平庸，選擇完美。」這是一句值得每個人銘記一生的格言。有無數人因為養成了輕視工作、馬馬虎虎的習慣，以及對手頭工作敷衍了事的態度，終其一生平庸度過，不能出類拔萃。

人類的歷史充滿著由於疏忽、敷衍、偷懶、輕率、害怕困難而造成的可怕慘劇。在美國賓夕法尼亞的奧斯丁鎮發生過這樣一件事，因為築堤工人沒有照著設計去築造石基，結果堤岸潰決，全鎮都被淹沒，許多人死於非命。像這種因工作疏忽而引發悲劇的事實，隨時都有可能發生。無論什麼地方，都有人犯疏忽、敷衍、偷懶的錯誤。每個人如果都能憑著良心做事，並且不怕困難、不半途而廢，則不但可以減少不少慘劇的發生，而且可使每個人都具有高尚的人格。

養成敷衍了事的惡習後，做起事來往往就會不誠實。這樣，人們最終必定會輕視他的工作，從而輕視他的人品。粗劣的工作，就會造成粗劣的生活。工作是人們生活的一部分，做著粗劣的工作，不但使工作的效能降低，而且還會使人喪失做事的才能。所以，粗劣的工作，是摧毀理想、墮落生活、阻礙前進的仇敵。

許多員工做事不精益求精，只求差不多。儘管從表面看來，他們也很努力、很敬業，但結果總是無法令人滿意。

一旦這種人成為主管，其惡習必定會傳染給下屬 —— 看到主管是一

個馬馬虎虎的人，員工們就會競相效仿，放鬆對自己的要求。這樣一來，每個人的缺陷和弱點就會滲透到公司上下，影響整個事業的發展。如果他是作家，文章必定漏洞百出；如果他是一位管理者，部門工作必定一塌糊塗。

有一個管理上千名員工的經理，以前不過是一家家具店的學徒工。「不要在這件事上浪費時間了，它是毫無價值和意義的，查理！」他的老闆常常對他說。這個學徒一有空閒，就思索修理家具，很快他就熟練地掌握了修理家具的精湛技術。他如此認真仔細，甚至連店家都覺得有些過度。不滿足於良好狀態，堅持每一件事都做到盡善盡美 —— 這是他的工作習慣。正是這種良好的習慣將這位年輕人推上一個又一個重要的位置。

當你工作時，應該這樣要求自己忠實履行日常工作的職責，盡職盡責地做好目前的工作，能做到最好就不要做到差不多；以一種更高的標準要求自己。

現在企業裡，有很多人都抱著這樣的想法，別人不做自己也不做，不要出風頭，這樣想的員工永遠都不可能成為好員工，好員工都知道要從自己做起，自己就是大家的帶頭人，自己就是招牌。

▌先溝通，後理解，再合作

美國知名主持人林克萊特（Linklater）一天問一名小朋友：「你長大後想要當什麼呀？」

小朋友天真地回答：「我要當飛機駕駛員！」林克萊特接著問：「如果有一天，你的飛機飛到太平洋上空所有引擎都熄火了，你會怎麼辦？」小朋友想了說：「我會先告訴坐在飛機上的人綁好安全帶，然後我掛上我的降落傘跳出去。」

當現場的觀眾笑的東倒西歪時，林克萊特繼續注視這孩子，想看看他

是不是自作聰明的傢伙。沒想到，接著孩子的兩行熱淚奪眶而出，孩子的悲憫之情使得林克萊特覺得他還有更深層的意思沒有表達，於是林克萊特問他說：「為什麼要這麼做？」小孩的答案透露出一個孩子真摯的想法：「我要去拿燃料，我還要回來！」林克萊特如果在沒有問完之前就按自己設想的那樣來判斷，那麼，他可能就認為這個孩子是個自私、沒有責任感的傢伙。但孩子的眼淚使他繼續問了下去，也才使人們看到了這是一個勇敢的、有責任感的、有悲憫之情的小男孩。

在一個簡單的電視節目中就這麼容易發生誤解，可見在一個複雜的組織體系中，要避免誤解的發生是一件多麼不容易的事情。

我們說：溝通帶來理解，理解帶來合作。如果不能很好地溝通，就無法理解對方的意圖，而不理解對方的意圖，就不可能進行有效的合作。這對於管理者來說，尤其重要。一個溝通良好的企業可以使所有員工真實地感受到溝通的快樂和績效。加強企業內部的溝通，既可以使管理層工作更加輕鬆，也可以使一般員工大幅度提高工作績效，同時還可以增強企業的凝聚力和競爭力。

春秋戰國時期，耕柱是一代宗師墨子的得意門生，不過，他老是挨墨子的責罵。有一次，墨子又責備了耕柱，耕柱覺得自己真是非常委屈，因為在許多門生之中，自己是被公認的最優秀的人，但又偏偏常遭到墨子指責，讓他感覺很沒面子。

一天，耕柱憤憤不平地問墨子：「老師，難道在這麼多學生當中，我竟是如此的差勁，以至於要時常遭您老人家責罵嗎？」

墨子聽後反問道：「假設我現在要上太行山，依你看，我應該要用良馬來拉車，還是用老牛來拖車？」

耕柱回答說：「再笨的人也知道要用良馬來拉車。」

第七章　提升自我，不斷提升自己的綜合實力

　　墨子又問：「那麼，為什麼不用老牛呢？」

　　耕柱回答說：「理由非常簡單，因為良馬足以擔負重任，值得驅使。」

　　墨子說：「你答得一點也沒有錯，我之所以時常責罵你，也只因為你能夠擔負重任，值得我一再地教導與匡正你。」

　　雖然這只是一個很簡單的故事，不過從這個故事中，我們卻可以看出有效溝通的重要性。故事中，耕柱如果與墨子沒有進行有效溝通，不理解墨子透過磨練對他的栽培提攜之意，很可能就認為是老師對他有意刁難，「憤憤不平」中很可能就做出違背老師本意以及不利於團隊的事情，產生不堪設想的後果。所以，這個故事也給了我們一些有益的啟示：

▶ 主動溝通

　　一般來說，管理者要考慮的事情很多很雜，許多時間並不能為自己完全掌控，因此經常會忽視與部屬的溝通。更重要的，管理者在下達命令讓員工去執行後，自己並沒有親自參與到具體工作中去，因此沒有切實考慮到員工所會遇到的具體問題，總認為不會出現什麼差錯，導致缺少主動與員工溝通的精神。所以，員工尤其應該注重與主管的溝通。作為員工應該有主動與主管溝通的精神，這樣可以彌補主管因為工作繁忙和沒有具體參與執行工作而忽視的溝通。

▶ 積極溝通

　　高效率溝通是優秀的管理者必備的技能之一。管理者一方面要善於向更上一級溝通，另一方面管理者還必須重視與部屬溝通。許多管理者喜歡高高在上，缺乏主動與部屬溝通的意識，凡事喜歡下命令，忽視溝通管理。對於管理者說，「挑毛病」儘管在人力資源管理中有著獨特的作用，但是必須講求方式方法，切不可走極端，「雞蛋裡挑骨頭」。挑毛病必須

實事求是，在責備的同時要告知員工改進的方法及奮鬥的目標，既讓員工愉快地接受，又不致挫傷員工積極進取的銳氣。從這個故事中，管理者首先要學到的就是身為主管要主動和部屬溝通，而不能只是高高在上，簡單分派任務！

▶ 雙向溝通

溝通是雙方的事情，如果任何一方積極主動，而另一方消極應對，那麼溝通也是不會成功的。試想故事中的墨子和耕柱，他們忽視溝通的雙向性，結果會怎樣呢？在耕柱主動找墨子溝通的時候，墨子要麼推諉很忙沒有時間溝通，要麼不積極地配合耕柱的溝通，結果耕柱就會恨上加恨，雙方不歡而散，甚至最終出走。如果故事中的墨子在耕柱沒有來找自己溝通的情況下，主動與耕柱溝通，然而耕柱卻不積極配合，也不說出自己心中真實的想法，結果會怎樣呢？雙方並沒有消除誤會，甚至可能使誤會加深，最終分道揚鑣。

所以，加強企業內部的溝通管理，一定不要忽視溝通的雙向性。作為管理者，應該要有主動與部屬溝通的胸懷；作為部屬也應該積極與管理者溝通，說出自己心中的想法。只有大家都真誠地溝通，雙方密切配合，那麼我們的企業才可能發展得更好更快！溝通是每個人都要面臨的問題，也要被當作每個人都應該學習的課程，應該把提升自己的溝通技能提升到策略高度——從團隊合作的角度來對待溝通。唯有如此，才能真正打造一個溝通良好、理解互信、高效運作的團隊。

▶ 用愛經營

一個團隊不能有效地溝通，就不能很好地合作。而實際上，溝通是一件非常難的事。例如：有業績考核指標的銷售員在一起進行溝通時，業績

第七章　提升自我，不斷提升自己的綜合實力

好的銷售員為了保證自己的領先地位，很有可能不把自己認為有效的那套方法全盤說出來；中層主管認為經理說得或者做得並不對，但出於自己職位的考慮，他可能不會向經理說出來；而有的員工出於對主管的不滿等，不願意把自己真實的想法說出來等等。

下面的故事說明有效溝通並不是一件簡單的事：

兩個旅行中的天使到一個富有的家庭借宿。這家人對他們並不友好，並且拒絕讓他們在舒適的客房過夜，而是在冰冷的地下室給他們找了一個角落。當他們鋪床時，較老的天使發現牆上有一個洞，就順手把它修補好了。年輕的天使問為什麼，老天使答到：「有些事並不像它看上去那樣。」

第二晚，兩人到了一個非常貧窮的農家借宿。主人夫婦倆對他們非常熱情，把僅有的一點點食物拿出來款待客人，然後又讓出自己的床鋪給兩個天使。第二天一早，兩個天使發現農夫和他的妻子在哭泣，他們唯一的生活來源 —— 一頭乳牛死了。年輕的天使非常憤怒，他質問老天使為什麼會這樣：第一個家庭什麼都有，老天使還幫助他們修補牆洞，第二個家庭儘管如此貧窮還是熱情款待客人，而老天使卻沒有阻止乳牛的死亡。

「有些事並不像它看上去那樣。」老天使答道，「當我們在地下室過夜時，我從牆洞看到牆裡面堆滿了金塊。因為主人被貪欲所迷惑，不願意讓別人來分享這筆財富，所以我把牆洞填上了。昨天晚上，死亡之神來召喚農夫的妻子，我讓乳牛代替了她。所以有些事並不像它看上去那樣。」

有些時候事情的表面並不是它實際應該有的樣子。而有效的溝通則可以弄清楚事情的真相，也可以校正自己在某些方面的偏差。

曾經有人說，如果世界上的人都能夠很好地進行溝通，那麼就不會引起誤解，就不會發生戰爭。但事實上，世界歷史上戰爭幾乎不曾中斷過，例如2022年的俄烏戰爭，這說明溝通的困難程度了。那麼如何進行有效溝通呢？

在團隊裡，要進行有效溝通，必須明確目標。對於團隊主管來說，目標管理是進行有效溝通的一種解決辦法。在目標管理中，團隊主管和團隊成員討論目標、計畫、對象、問題和解決方案。由於整個團隊都著眼於完成目標，這就使溝通有了一個共同的基礎，彼此能夠更好地了解對方。即便團隊主管不能接受下屬成員的建議，他也能理解其觀點，下屬對主管的要求也會有進一步的了解，溝通的結果自然得以改善。如果績效評估也採用類似辦法的話，同樣也能改善溝通。

在團隊中，身為主管，善於利用各種機會進行溝通，甚至創造出更多的溝通途徑，與成員充分交流等並不是一件難事。難的是創造一種讓團隊成員在需要時可以無話不談的環境。

如果我是老闆會怎樣

當你工作中對自己說「如果我是老闆會怎樣」的時候，你離在公司脫穎而出的時候就不遠了。因為，當你這樣問自己的時候，你會對你的工作態度、工作方式以及你的工作成果提出更高的要求與標準。只要你深入思考，積極行動，那麼你所獲得的評價一定也會提高，很快就會成為公司的傑出人物。

在 IBM 公司，每一個員工都樹立起一種態度 —— 我就是公司的主人，並且對相互之間的問題和目標有所了解。

員工主動接觸高級管理人員，與上級保持有效的溝通，對所從事的工作更是積極主動完成，並能保持高度的工作熱情。

「如果我是老闆會怎樣」這種重要的工作態度，源於 IBM 創始人湯瑪斯・J・華生 (Thomas J. Watson) 的一次銷售會議。那是一個寒風凜冽、陰雨連綿的下午。老華生在會上先介紹了當前的銷售情況，分析了市場面

臨的種種困難。會議一直持續到黃昏，氣氛很沉悶，一直都是華生自己在說，其他人則顯得煩躁不安。

面對這種情況，老華生緘默了 10 秒，待大家突然發現這個十分安靜的情形有點不對勁的時候，他在黑板上寫了一個很大的 THINK，然後對大家說：「我們共同缺少的是 —— 思考，對每一個問題的思考。別忘了，我們都是靠工作賺得薪水的，我們必須把公司的問題當成自己的問題來思考。」然後，他要求在場的人動腦筋，每人提出一個建議。實在沒有什麼建議的，對別人提出的問題，加以歸納總結，闡述自己的看法與觀點。否則，不得離開會議。

結果，這次會議取得了很大的成功，許多問題被提了出來，並找到了相對的解決辦法。從此，「思考」便成了 IBM 公司員工的「座右銘」。

當然必須承認，許多企業的管理者與員工的心理狀態很難達到完全的一致，角色、地位和對公司的所有權不同，導致了這種心態的產生。在許多員工的思想中，「公司的發展是由員工決定的」諸如此類的話只不過是一句空話。他們經常會對自己說：「我只是在為老闆工作，如果我是老闆，會把公司做得更好。」但如果他真是老闆，真的會如此嗎？

小明是一位頗有才華的年輕人，但是對待工作總是顯得漫不經心。朋友曾經就此問題和他交流過，他的回答卻是：「這又不是我的公司，我沒有必要為老闆拚命。如果是我自己的公司，我相信自己一定會比他更努力，做得更好。」

一年以後，他已離開了原來的公司，自己獨立創業，開辦了一家小公司。半年以後，他的公司倒閉了，現在又重新回到了打工族群。理由是他發現原來有那麼多的事要去做，而他實在是應付不了。

許多現在受僱於他人的人，他們的態度十分明確：「我是不可能永遠

受雇的。受雇只是過程，當老闆才是目的。我每做一份工作都是在為自己賺經驗和關係。等到機會成熟，我會毫不猶豫地自己做。」這是一種值得敬佩的創業熱情，但是如果抱著「如果自己當老闆，我會更努力」的想法則可能適得其反。

其實，企業的管理者希望員工像老闆一樣思考，樹立一種主人翁意識，並不是發出了所有人都可以成為老闆的訊號，而是向員工提出了更高的標準。要知道，我們的工作並不是單純地為了成為老闆或是擁有自己的公司，現在我們既是在為自己工作，也是為自己的未來工作。「如果我是老闆會怎樣」是對我們個人的發展提出的一種更高的要求。以更高的標準來要求自己，無疑可以取得更大的進步，這其中包括：具有更強的責任感；努力爭取更上一層樓；更加重視顧客和個人的服務；心智得到更大的提高；贏得更加廣泛的尊重；取得更多的合作機會等等。

曹大偉就是一位用老闆的眼光來對待自己工作的人，他相信機會來自於努力工作，要有更大的發展空間，必須從現在就開始努力。

曹大偉曾是一家貿易公司的部門經理，雖然他完全可以安排其他人去完成所有的工作，但他對進貨出貨的細節總要自己把關，在與客戶的溝通中也始終保持良好的服務態度；在內部問題的管理上，他也做得有聲有色、井井有條，辦公室的人際氛圍十分和諧，員工在工作中都能抱成團。幾年後，因為曹大偉的優異表現，他被調到了總公司工作，職位也得到了相對的提升。

從現在起，請認真思考以下問題吧：如果我是老闆，會怎樣對待無理取鬧的顧客？

如果我是老闆，目前這個專案是不是需要再考慮一下，再做投資的決定？

如果我是老闆，面對公司中無謂的浪費，會不會採取必要的措施？

如果我是老闆，對自己的言行舉止是不是應該更加注意，以免造成不良的後果？

我無法在此一一列舉出一位老闆應該思考的所有問題，但毫無疑問的是，當你以老闆的角度思考問題時，應該對你的工作態度、工作方式以及你的工作成果，提出更高的要求與標準。只要你深入思考，積極行動，那麼你所獲得的評價一定會高，很快就會脫穎而出的。

「如果我是老闆會怎樣」在平凡的工作中，請以這種方式思考，為自己定下追求卓越的目標吧！

▌善於學習別人的經驗

在我們的身邊，不難發現，那些富有的人總是善於掌握第一手的資訊，然後不斷地學習他人的成功經驗，不斷地自我反省，糾正自己的方向，讓自己在競爭中占有絕對的有利的優勢。

很久以前，有一個貧窮的猶太人，見一個富人生活得非常舒適，非常愜意。於是他告訴自己說：「走著瞧！總有一天，我會比他更富有，會比他過得更好！」

於是，他對富人說：「我願意在您家裡為您工作3年，我不要一分錢，但是您要讓我吃飽飯，給我地方住。」

富人覺得這真是千載難逢的好事，馬上答應了這個窮人的請求。3年之後，窮人離開了富人的家，不知去向。

5年過去了，那個昔日的窮人已經變得很富有了，而相比之前，以前那個富人，就顯得很寒酸。於是，富人向昔日的窮人提出請求，願意出10

萬元買他富有的經驗。

那個昔日的窮人聽了，哈哈大笑：「我正是用從你那裡學到的經驗，才賺得了大量的財富，可是現在你為什麼又要用金錢來買我的經驗呢？」

根據猶太人的經驗，我們不難看出，智慧源於學習、觀察和思考。變成富人的第一條途徑就是向富人學習。上述那位窮人就是靠與富人共同生活，在富人的「言傳身教」中學到了富人的經驗和智慧，才使自己有了智慧，於是也有了財富。

「站在巨人的肩上」，借鑑別人的成功經驗，對於我們人生和事業的啟發作用，是我們靠自己苦苦摸索多少年都難以達到的。學習他人的成功經驗，就要了要解人們普遍存在的心理狀態：

- 人都會追求自己的成就感，都存在被別人肯定的心理需求。
- 人要學習他人，必定是自己在心理上佩服他，然後才有學習的行動。

在掌握了以上心理特點之後，就要時刻尋找接觸榜樣的機會，努力發現別人的長處和優點。不管是同學中的，還是親友、鄰居中的榜樣，要首先創造自己與人家交往的機會，讓他們有時間一起娛樂、一起學習，一起討論問題。在接觸中，可以融洽感情，互相影響。

每個人都有與眾不同的地方，都有自己的獨特之處。有很多時候，我們以最普遍的觀點去衡量一個人是否優秀，認為只要是符合道德要求的，就是優秀的。否則就視為洪水猛獸，欲除之而後快。實際上，有的優點卻正是在與眾不同的叛逆之中，只要這些優點是符合人類發展總趨勢的，不違背自然界的基本規律，我們都可以加以欣賞和學習。

西方人經過研究證實了這樣的一個規律：那就是一個人經常接觸的 6 個朋友在很大程度上決定了他一生的價值。為什麼呢？這是因為一個人性

格的形成、資訊的獲得以及所處的環境，是源自他最親近的人，而這些東西在很大程度上決定了他的眼光、品味並左右著他的行為，當然也就影響了他的一生。

　　然而，在實際工作中，也是如此，很多人都知道決定做什麼工作非常重要，但很多人卻忽略了另一個與此同樣重要的事情，那就是：和什麼人一起工作與做什麼工作一樣重要，甚至更重要！

　　假如你能夠找到更優秀的人、薪水更高的人，那麼，在工作的過程中，你不僅可以避免一些低級錯誤，還可以有更多的機會發現新的邏輯和機會，而且對於「決定要做什麼工作這件事」本身來說，薪水高的人也會帶給我們很多的提醒和建議，因為他們的存在，我們的決定就會更有針對性和更具價值。

　　最後，請記住：薪水高的人會教給你很多 ── 有些事是你主動向他們請教的；有些是他們的言行所帶來的啟發；有些是因為你能夠和他們在一起而增加了自己的影響力，從而增大了你加薪的機會。總之，一句話，能不能讓自己更多地接近高薪者，在很大程度上決定了自己能不能拿高薪。

▍向你的競爭對手學習

　　我們知道，學習可以磨練人的心性，活躍人的思維，只要不斷地學習，就能使自己處於一種不斷完善的狀態中。而知識源於實踐，但我們個人受時間和自身條件的限制，不可能什麼都靠自己去實踐、去經歷，所以我們需要學習我們的競爭對手的既有經驗。

　　布朗的父母不幸辭世，給他和弟弟傑克留下了一個小小的雜貨店。微薄的資金，簡陋的設施，他們靠著出售一些罐頭和汽水之類的食品，勉強度日。

兄弟倆不甘心這種窮苦的狀況，一直尋找發財的機會。

有一天，布朗問弟弟傑克：「為什麼同樣的商店，有的賺錢，有的只能像我們這樣慘澹經營呢？」

傑克回答說：「我覺得我們的經營有問題，假如經營得好，小本生意也是可以賺錢的。」

「可是，怎樣才能經營得好呢？」於是，他們決定經常去其他商店看一看。

有一天，他們來到一家「消費商店」，這家商店顧客盈門，生意興隆，引起了兄弟倆的注意。他們走到商店外面，看到門外一張醒目的告示上寫著：「凡來本店購物的顧客，請保存發票，年底可以憑發票額的3%免費購物。」

他們把這份告示看了又看，終於明白這家商店生意興趣的原因了。原來顧客是貪圖那「3%」的免費商品。

他們回到自己的店裡，立即貼了一個醒目的告示：「本店從即日起，全部商品讓利3%，本店保證所售商品為全市最低價，如顧客發現不是全市最低價，本店可以退回差價，並給予獎勵。」

就是憑藉這種向競爭對手學習的智慧，布朗兄弟倆的商店迅速擴大，成為世界上最大的連鎖商店之一。

時時刻刻皆學問，只要我們留心觀察，勤於思考，就能發現許多成功的道理。為了快速達到成功的目的，我們很有必要向自己的競爭對手學習，因為競爭對手身上的優點，對於我們來說往往是最缺少的。

在現實工作中，作為職場中的一員，也應該向你的競爭對手學習。因為競爭對手是我們拿得高薪的推進器，他迫使我們進步，對手每天都在思考如何戰勝我們，如果我們不想總是拿著低收入，就必須不斷進步；競爭

第七章　提升自我，不斷提升自己的綜合實力

對手是一面鏡子，他毫不留情地指出並利用我們的缺點加以進攻。對手越強大，我們自己就越強大。他幫助了我們認識自己，改正缺點，完善自我；競爭對手是一座警鐘，他時時刻刻地提醒我們：不論我們取得多大的進步，都絕不能自滿。

競爭失敗的第一定律是：失敗是成功之母；對手給了我們無形的壓力，但也給了我們前進的動力。和對手對抗的力量，能讓我們在較量中提升，在競爭中昇華；能讓我們發揮出巨大的潛能，創造出驚人的成績。所以，不要詛咒自己的對手，我們應該感謝他們。

實際上，我們每個人身上都有值得我們學習的優點，尤其是在競爭日益激烈的今天，向你的競爭對手學習，不斷完善自己，不斷壯大自己，越來越顯示出其必要性和迫切性。

在這種情況下，向你的對手學習制勝之道，可以節省我們的精力和成本；從你的對手那裡學習失敗的經驗，可以讓我們少走彎路，少受挫折；借鑑對手的管理模式，可以讓我們輕鬆做管理高手；效仿對手的經營理念，可以讓我們轉變商業思維，開闊思路；向對手學習，才能更好地擊敗對手，贏得更多的加薪機會。

▌在工作中不斷完善自己

曾經，諾基亞是世界上最大的手機生產商之一。很多人從來沒有想過這個公司是如何起家的，它是由弗雷德里克·伊德斯坦（Knut Fredrik Idestam）創建。1960 年代中期，芬蘭的木製品加工業剛剛興起，伊德斯坦就在河上修建一個小型造紙廠。到 1960 年代，該公司產品主要分四個部分：木材、橡膠、纜線和電子產品。

　　在接下來的 20 年裡，諾基亞度過了一段困難時期，這個有百年歷史的公司臃腫龐大、連連虧損，公司管理層明白公司亟待改善。

　　諾基亞是透過一個似乎完全沒有把握的途後來解決這個問題。1990年，為了扭轉利潤下滑，一個在諾基亞只有五年經歷的年輕行政人員接管了不盈利的手機分部，這個人就是約瑪・奧利拉（Jorma Ollila），他本人有金融銀行管理背景。由於工作很有成效，1992 年他被任命為諾基亞總裁和執行長。

　　奧利拉很清楚自我更新的意義。他已獲得了三個碩士學位 —— 政治學、經濟學、機械工程。他不斷學習、自我完善的個人目標也是全體成員的整體目標。「諾基亞方式」以顧客滿意、尊重他人、不斷充實、成就功業為目標。

　　「不斷充實自我，使每個諾基亞人都有發展自己的機會。」奧利拉說，「對個人是這樣，對群體也是這樣。」提高整個團隊水準（即使像諾基亞這樣有六萬多員工的一個大團隊）意味著隊內的個人能力必須要提高。

　　透過努力，當年奧利拉把一個虧本的公司轉變成一個世界著名的全球通訊企業。諾基亞繼續在它的領域裡領導潮流，現在它仍在開闢新的領域。為什麼？因為諾基亞人在不斷地完善自己，諾基亞產品品質也不斷提高。「我認為我們比其他任何公司更能應付新情況，」奧利拉斷言，「諾基亞是一個能為你提供證明自己、發展自己、完善自己的舞臺。」

　　我們生活在一個有很強「目的性」的社會裡。大多數的人都希望達到目的地，然後退休。正如奧利拉一樣，好員工應力求適應職業的要求，不斷學習，提升自我。而不斷學習，完善自己的人往往會使下面的三個過程形成一個不斷的循環網路：

第七章　提升自我，不斷提升自己的綜合實力

- **準備**：拿破崙‧希爾（Napoleon Hill）說：「產生作用的事是你正在做的而不是你將做的事。」謀求自我完善的人思考的是今天如何提升自己，而不會留到將來才做考慮。清晨醒來，他們會問自己，今天我能得到什麼學習機會？然後他們將盡力抓住這些機會。一天結束時，他們又問自己「今天我學了什麼？明天需要進一步了解什麼？」他們在不斷提高的基礎上又進一步。明確了每天要做的事情，他們就能更好地準備應付即將到來的挑戰。

- **思考**：一段時間的獨處學習對自我完善是必要的，你可以反思自己失敗和成功，從中領悟到一些有益的東西。留點時間和空間描繪一下你自己或團隊的前景藍圖，計畫將來如何提升自己。如果你想自我完善，那麼找一段時間停止工作或放慢工作速度，以便進行思考。如果你研究一下那些對世界有影響的真正的偉檢，你會發現幾乎每個偉人的一生中都花了相當多的時間思索。

- **運用**：音樂家布魯斯‧斯普林斯汀（Bruce Springsteen）的見解很深刻：「當你不再等待，而是開始去做你想做的事時，你成功的時刻就到了。」這時，你需要全面地運用你所學的知識。身為好員工的你的目標則應是不斷學習，每天都有進步。

第八章

積極行動，將工作落實

　　要想成為一個企業的好員工，其實並不需要知道多少，而是要看做了多少。所有的知識、計畫、心態都要付諸行動。不論你現在決定做什麼事情，選定了多少目標，你一定要立即行動。每一位好員工都深諳「立即行動」的深層含義。立即行動是一個員工之所以優秀的基礎，沒有什麼比拖延更能使人懈怠、減弱工作能力，也沒有什麼比做事拖延對一個員工更為有害。所以，每個渴望優秀的員工都應樹立自己積極行動的意識，從而為自己贏得更多的發展機會。

第八章　積極行動，將工作落實

行動始於腳下

　　勇於行動的人不僅會圓滿地完成自己的任務，還會盡職盡責地為老闆考慮，他們自身也會得到提升和賞識。比他人多努力一些，就會擁有更多機會。

　　勇於行動常常與收穫結伴而行，行動是成功的祕訣。偉大的哲學家威廉・詹姆斯（William James）說：「以行動播種，收穫的是習慣；以習慣播種，收穫的是個性；以個性播種，收穫的是命運。」

　　古羅馬哲學家曾說過：「想要到達最高處，必須從最低處開始。」

　　湯姆從大學畢業後，躊躇滿志地進入一家公司工作，卻發現公司裡有那麼多局限性，老闆分配的工作又是一個誰都能勝任的辦公室日常事務性工作。這對於一向自視清高的湯姆來說，深感失望。

　　湯姆到處發洩自己的不滿，但好像並沒有人理睬他。他只好埋頭工作，雖然心裡仍然存有不情願的感覺，但不再像剛去的時候那樣浮躁了，而是努力地去做自己手頭上的事情。每做好一件，他都會得到老闆的肯定，他的「虛榮心」也就被滿足一次，靠著這種卑微的「虛榮心滿足」，日子就這樣一天天過去了。

　　有一天，他認識了一位白髮蒼蒼的老人，這位老人就是赫赫有名的卡普爾先生，他是公司總裁的父親，他沒有因為特殊的身分而講究太多，竟然是那麼平常，那麼不起眼，每天與大家一樣上下班，風雨無阻。

　　老人對湯姆說：「把手頭上的事情做好，始終如一，你就會得到你所想的東西。」

　　湯姆記住了老人的教誨，開始投入地做任何一件事情，無論自己如何地不情願，都盡心盡力地做好，而且在做了以後，自己的心態也就平靜了。

　　無論手頭上的事是多麼不起眼，多麼繁瑣，只要你認認真真地去做，就一定能逐漸靠近你的理想。行動就在你腳下！

　　一個雇主要招聘一個孩子，他對應徵的 20 個小孩說：「這裡有一個標記，那裡有一個球，要用球來擊中這裡，你們一個人有 6 次機會，誰擊中目標的次數越多，就雇用誰。」結果，所有的孩子都沒有打中目標。雇主說：「明天再來吧，看看你們是否能做得更好。」

　　第二天，只來了一個小朋友，他說自己已經準備好測試了。結果，他每次都擊中靶心。「你今天怎麼表現得這麼好呢？」雇主非常驚訝。孩子說：「因為我非常想得到這份工作來幫助媽媽，所以昨天晚上我練習了一整夜。」

　　不用說，他得到了這份工作，因為他不僅具備了工作所需的基本素養，而且表現了自己的優秀。

▋絕不拖延，立即行動

　　做好任何一件事情都絕不拖延。生活就像一盤棋賽，坐在你旁邊的就是「時間」。只要你猶豫不決，你就將完敗給它。就象棋類比賽，每一步都有時間限制。一旦超時，你就將自動出局。職場就是戰場，做事拖延，你就等於敗給了自己。

　　拖延使你陷入煩躁的情緒。一件事久辦未完，在心裡沉甸甸地壓著，怎麼不使你焦慮煩躁，寢食難安呢？拖延使問題越積越多，每天對著堆積如山的工作，卻不知從何下手，費時費力，問題會越來越多。

　　拖延會使你對自己越來越失去信心，懷疑自己的能力，或者遷怒於工作環境，產生怨氣，抱怨才能得不到發揮或者其他的事阻礙了你的工作。

第八章　積極行動，將工作落實

　　拖延還會使你前途黯淡，與晉升無緣。一個主管絕不會容忍部下做事一而再，再而三地拖延，卻做不出什麼業績。主管需要的是強有力的輔助者，而不是優柔寡斷的跟隨者。

　　孫先生準時於九點整走進辦公室，他想起主管交代他的任務：著手草擬下年度的部門預算。但他並沒有立刻開始預算草擬工作，因為他覺得應該先將辦公桌及辦公室整理一下，以便在工作之前有一個乾淨舒適的環境。這個工作共花了他 30 分鐘的時間，辦公環境變得有條不紊了。

　　然後，他稍作休息，隨手點了一支香菸。無意中，他發現網路新聞有一張照片是自己喜歡的一位明星，於是欣賞起來。這個時間他用了 10 分鐘。這使他有點不自在，因為他已自食諾言。不過他想，身為企業的部門主管的自己，看新聞也是應該的。畢竟是精神食糧嘛！也是重要的溝通媒體呀。這樣找藉口，心也就放寬了。

　　就在他準備埋頭工作時，電話聲又響了，一位顧客怒氣沖沖地投訴。他連解釋帶賠罪地花了 20 分鐘的時間才說服對方平息怒氣。

　　掛上了電話，他去了洗手間。在回辦公室途中，另一部門的同事又請他享受「上午茶」。他心裡想，預算的草擬是一件頗費心思的工作，若頭腦不清楚清醒，則難以完成，不如先喝點茶，清醒提神。

　　回到辦公室後，他果然感到精神弈奕，這下可以「正式工作了」。可是，時間已經是 11 時 45 分了！午休時間就要到了。他想，還是把草擬預算的工作留到下午了。

　　許多員工都可能像孫先生一樣，有拖延的惡習。拖延的代價實在是太大了。若是時間放棄了你，等待你的將是無限制的惡性循環。如果不及時醒悟，後果將不堪設想。

　　拖延的人永遠做不成大事而且連小事也做不好。這類人從不做出承

諾，只想找藉口。他們總是經常為了沒做某些事或沒做好某些事而製造藉口或想出千百個理由為事情未能如老闆所願而辯解。這樣的人是不可能成為好員工的他們也不可能會得到老闆的加薪。

今天該做的任務拖到明天完成，現在該打的電話等到一兩個小時後才打，這個月該完成的任務拖到下一個月，這一季度該達到的進度要等到下一季度……這樣的員工肯定是不努力工作的員工；至少是沒有良好工作態度的員工。他們對自己糟糕的業績總是尋找種種理由來搪塞以此來矇混過關，來欺騙管理者他們是不負責任的人。

習慣性的拖延者通常也是製造藉口的專家。他們每當要付出勞動，或要做出抉擇時總會找出一些藉口來安慰自己總想讓自己輕鬆些、舒服些。對那些做事拖延的人，老闆們對他們是不可能抱以太高的期望的。

凡事都留待明天處理的態度就是拖延，這是一種非常不好的工作習慣。

拖延的背後是人的惰性在作怪而藉口是惰性的縱容。人們都有這樣的經歷，清晨鬧鐘將你從睡夢中驚醒，本來該起床上班了卻放縱自己「再等一會兒」，於是又躺了 5 分鐘，甚至 10 分鐘……

對付惰性最好的辦法就是根本不允許惰性出現，千萬不能讓自己拉開和惰性開仗的架勢。往往在事情的開端總是積極的想法在先，然後當頭腦中冒出「我是不是可以……」這樣的問題時惰性就出現了「戰爭」也就開始了。一旦開戰，結果就難說了。所以要在積極的想法一出現時就馬上行動讓惰性沒有乘虛而入的可能。

列出你立即可做的事，從最簡單、用很少的時間就可以完成的事開始。

每天從事一件明確的工作，而且不必等待別人的指示就能夠主動去完成。

運用切香腸的技巧。所謂切香腸的技巧就是不要一次性吃完整條香腸，而是把它切成小片一小口一小口地慢慢品嘗。

同樣的道理也可以用在你的工作上：先把工作分成幾個小部分分別詳細地羅列出來，然後把每一部分再細分為幾個步驟使得每一個步驟都可在一個工作日之內完成。

每次開始一個新的步驟時不到完成絕不離開工作區域。如果一定要中斷的話，最好是在工作告一個段落時。

到處尋找，每天至少找出一件對其他人有價值的事情去做而且不期望獲得報酬。

每天要將養成這種主動工作習慣的價值告訴別人至少要告訴一個人。

在日程表上記下所有的工作日誌，把開始日期、預定完成日期以及其間各階段的完成期限記下來。不要忘記切香腸的原則：分成小步驟來完成。這樣，一方面能減輕壓力另一方面還能保留推動你前進的適當壓力。

工作是生活的一部分，粗劣的工作，就會造成粗劣的生活。做著粗劣的工作，不但使工作效能降低而且還會使人逐漸喪失做事的才能。

▌執著於自己的目標和結果

噴墨技術已經全面占據低成本印表機市場的惠普公司，是全球最知名的印表機生產機構之一，其革命性的產品 ——「噴墨印表機」的研發成功，就是因其研發人員始終以「用行動求結果，並執著於結果」作為自己的工作理念，並堅決貫徹於自己的工作過程之中，透過積極行動、鍥而不捨地追求結果而最終成功獲得的產物。

1978 年耶誕節前夜，在著名的惠普公司的帕洛阿爾托研究實驗室裡，約翰‧沃特（John Vaught）和大衛‧唐納德（David Donald），還有另外幾

位工程師，剛剛完成了惠普公司的新雷射印表機引擎的設計。

這時，他們開始談論：假如研發出一個新的機器，他們想要什麼？大家的一致意見是製造一臺至少每英寸 200 個點的高解析度的彩色噴墨印表機。當然，在談論的時候，這樣的印表機還僅僅是夢想而已。

於是，在 1978 年的聖誕假期裡，沃特和唐納德開始考慮怎樣才能實現在會談中所想像的噴墨印表機。由於沒有經驗，因此，他們早期只是沿著一條和其他人走過的相同的路線，但是這種方法很有局限。他們經歷了一連串的失敗。這時，一些當初支持他們去實現夢想的人也不斷地勸他們放棄。

沃特和唐納德並沒有放棄，而是繼續嘗試著其他的方法。直到有一天，沃特建議，我們為什麼不嘗試加熱墨水呢？沃特的這一建議是噴墨列印技術的第一個突破。

於是，他們在墨水中通電，透過墨水的電阻產生熱量。雖然這一點成功了，但是他們找不到一種方法足夠快速地產生爆炸性氣體混合物，從而達到必要的條件：每秒 2,000 滴的噴射率。面對失敗，沃特和唐納德並沒有氣餒，而是繼續不停地尋找新方法。最後，沃特想起了咖啡篩檢程序，提議不用電極，而用一個電阻器加熱墨水。這是他們的第二個突破。

沃特和唐納德在管子的底部安裝了一個極小的電阻器，然後迅速地開關電流，他們成功地產生了所要的結果：墨水好像在輕微地爆炸。

就這樣，沃特和唐納德發現了一種把墨水噴到紙上的全新的方法。然而，這種創意並不能讓所有人都接受，而且，幾乎沒有人人相信他們。可即使是這樣，沃特和唐納德也並沒有放棄這個裝置，依然展示給每一位來觀看的人。

此時，一個更大的阻力擺在了他們的面前：沃特和唐納德的經理並不看好他對噴墨印表機的研究，命令他們停下來去協助傑恩博士做金屬蒸汽

第八章　積極行動，將工作落實

雷射的機械設計。幸運的是，到了 7 月底，傑恩博士離開惠普去了 IBM，沃特和唐納德得以再次繼續他們對噴墨印表機的研究；而且，沃特和唐納德的執著精神感染了其他人，吸引了新人約翰‧邁耶（John Mayer）的加入；同時，沃特和唐納德堅持研究的信念，也終於讓他們獲得了公司管理層的高度關心和重視，並得到了 25 萬美元的資金支援。

在接下來的時間裡，為了解決所有不得不克服的困難，從而製造出有實用價值和市場前景的噴墨印表機，幾百個人在不同的部門中都做出了不同尋常的努力。

終於，皇天不負苦心人。在 4 年之後，噴墨印表機研發成功。1996年，僅其可任意使用的噴墨墨水匣在全世界的銷售額就超過了 50 億美元。而如今，惠普公司的噴墨技術已經全面占據了低成本印表機的市場。

從這個案例中，我們不難看出執著的重要性。因為：執著是堅守，在紛至沓來的誘惑面前，如錨碇般堅強穩定，穩住左顧右盼，游離不定的心；執著是對員工意志的考驗，執著是「咬定青山不放鬆，任爾東南西北風」；執著是熱情的投入，是一份深深的眷戀；執著也是給予和付出，是全副身心的追求；執著是忘情、專注，是一心一意的全神貫注的追尋、探索，是鍥而不捨孜孜不倦的探求。

眾所周知，保險是一個競爭非常激烈的行業，然而，世界頂尖的保險大師彼得，卻創下了連續 5 年同業銷售第一的記錄。

當彼得 60 歲退休時，有一個機構邀請他去演講。消息一發布，很多人都想聆聽彼得大師的演講，想知道他成功的祕訣。那一天，來了很多懷著敬佩之情的聽眾，大家用最熱烈的掌聲歡迎彼得大師出場演講。這位充滿傳奇色彩的成功人士站在舞臺的中央，向最後面做了一個手勢，只見四個彪漢合力扛過來一口大鐘。這時，彼得大師沒有說一句話，只是用一個

食指對著這口大鐘撞去。剛開始大家都非常好奇，全場寂靜，想必彼得大師是在做一個遊戲吧，應該會帶來一個驚奇。但是過了一刻鐘，彼得大師還是一言不發，也沒有任何別的暗示，只是反覆地用那個食指不停地撞擊大鐘。

半個小時過去了，所有的都感到非常疑惑，一個小時過去了，彼得大師還是一如開始地默不作聲，只是執著地重複那個動作，人群開始騷動了。一個半小時後，有些聽眾開始忍耐不住了，對他這種舉動大為不滿，並指責他：「為什麼不告訴我們你的成功祕訣？我們來的目的就是要聽到有價值的建議，你現在怎麼能一言不發？是不是戲弄我們呢？」也就在這時，彼得大師用來撞鐘的那根食指開始流血了，但是，他還是旁若無人地用他那根流著血的指頭不停地撞擊大鐘，一次又一次地反覆。兩個小時到了，很多觀眾覺得這實在沒什麼意思，覺得受騙了，於是退了場。三個小時後，彼得大師還在用他那根流滿血的手指撞擊著那口大鐘，這時，奇蹟出現了，鐘竟然被撞響了。經過近萬次的撞擊，他終於用流著血的食指將鐘撞響了，這是常人無法想像的事情。留下來沒有走和剛要起身的那些人站起來，給了彼得大師最持久、最熱烈的掌聲。

彼得大師沒有言語，但是，他用自己的行動向人們展示了執著的力量。凡事就怕執著，執著可以以弱示強，執著可以以小搏大。沒有執著，科學界就不可能有很多發明，沒有執著，我們的工作就不能取得想要的結果。

所以，為了我們自己的事業，我們應該堅守執著，也許收穫有遲有早，有大有小，但我們堅守執著的本身，就是一種人生的一大收穫。執著是一場漫長的分期分批的投資，而落實是對這場投資的一次性回報。作為一個落實者，他絕不會在困難面前停滯不前，因為執著於工作本身就是落實者的工作作風。

第八章　積極行動，將工作落實

▍不要輕易放棄

　　有一種失敗，不是因為走的路太少，而是因為已經走了 99 步，卻在第 100 步的時候放棄了，這是一種最為愚昧的放棄。其實，凡事沒有簡簡單單地就能獲得成功，如果總是過早地放棄一切，就等於放棄了一生的成功。

　　做事只要半途而廢，那前面的所有辛苦就等於白費。只有經得起風吹雨打及種種考驗的人，才是最後的落實者。所以，不到最後關頭，絕不輕言放棄，要一直不斷地努力下去。

　　職場競爭就像是參加馬拉松賽跑，最初參加競賽的人可以說是成百上千，但是，在跑出一段路程後，參賽的人便漸漸少了起來。原因是堅持不下去失落感，逐漸自我淘汰了，而且到後面人越來越少，全程都跑完能夠衝刺的人更是少之又少，獎牌實際上就是在這些堅持到最後的人當中產生的。

　　馬拉松式賽跑與其說是賽速度，不如說是耐力，就是看哪一個可以堅持到最後。實際上，做任何工作都和比賽一樣，能否保證工作的落實往往只是一步或半步之差，所以，起決定作用的只是最後那一瞬間。退出比賽的人永遠不會獲勝。

　　世界塑膠大王王永慶在剛剛創業時年僅 16 歲。當時他借了 200 元開了一家小米店，但在那個時候，每家米店都有各自的固定客戶，一般百姓也喜歡去自己熟識的米店買米。王永慶的米自然難以在米市中立足，所以，在開展營業之初非常困難。但是，王永慶並沒有氣餒，為了打開市場，他將米中沙粒和雜物撿得乾乾淨淨，而且不辭辛苦挨家挨戶去推銷，有時還冒雨將米送到顧客家裡，他總是想盡辦法來滿足顧客的需求，有時甚至比顧客考慮的還周到。他給顧客送米時總是主動地把顧客米缸中原來

的米先取出來，再放上新米，然後再把舊米放在新米上，這樣以便顧客吃完舊米再吃新米。

　　經過王永慶的不懈努力，他很快就成立了臺灣塑膠工業股份有限公司。在公司創立之初，一個化工專家預言王永慶難逃破產的命運。但是，王永慶仍舊沒有放棄，他義無反顧地走自己認準的路，不幸的是，事態的發展似乎應驗了那個專家的預言，一個又一個難關橫在他的面前，臺塑公司生產出來的聚氯乙烯在市場上竟無人問津。原來，這是臺灣石化塑膠工業發展估計過快所致。面對這種困境，有很多股東心灰意冷，紛紛退股，臺塑剛建不久就陷入困境。此時，王永慶仍舊沒有退縮，他決心再次迎接命運挑戰。後來，他透過調查分析，發現產品之所以賣不出去是因為價錢過高，而且缺乏競爭力，並不是市場出現飽和所致。於是，王永慶做出決定，賣掉了自己所有的產業，買下了臺塑所有股權，並決定獨自經營。他重新規劃發展藍圖，決定採取兩項措施背水一戰。出乎意料的是，他所採取的第一項措施不僅沒有減產而且大量增產，為提高競價能力，他同時注意產品品質，投資了 70 萬美元更新設備，使品質大大提高了，售價卻降低了。王永慶的第二項措施就是開發塑膠加工工業，興建工廠，利用臺塑的聚氯乙烯為原料加工製造各種塑膠產品。這不僅可以消化臺塑的產品，同時還能夠用塑膠成品賺取更多的利潤。

　　由於王永慶成功地採取了上述兩個措施，所以，他很快就擺脫了困境，打開了市場，使企業起死回生，後來王永慶擁有了世界上最大的塑膠企業，並被稱為「世界塑膠大王」，而且成為世界上最富有的人之一。

　　實際上，任何成功的取得都是需要累積的，有經驗的累積，也有時間的累積，因此，我們不能輕言放棄，沒有生活的點滴累積和打磨，就無法孕育出炫人奪目的珍珠。

第八章　積極行動，將工作落實

　　通常情況下，任何新工作，都有一段自己懂得比周圍人少的困難階段。剛開始每件事情都要掙扎，但是，在過了一段時間後，最初有壓力的工作就會變得輕而易舉了。所以，人們一生中的許多時間，是在跨過乏味與喜悅、掙扎與成功的重要關卡之前就放棄了。

　　很多人都會為埃及博物館（Egyptian Museum）的那些從圖坦·卡門法老（Tutankhamun）墓挖出的寶藏嘆為觀止。那些黃金珠寶飾品、大理石英鐘、戰車和象牙等巧奪天工的工藝至今仍無人能及。可又有誰知道，假如不是霍華德·卡特（Howard Carter）當時決定再多打一錘，多挖一天，今天，或許這些不可思議的寶藏仍舊埋在地下，而永無重見天日的可能。

　　1922 年，卡特幾乎放棄了可以找到法老墳墓的希望，他的贊助者也即將取消資助。卡特在自傳中這樣寫道：「這將是我們待在山谷中的最後一季，我們已經挖掘了整整六季了，春去秋來沒有任何收穫。我們一鼓作氣工作了好幾個月卻沒有任何發現，只有挖掘者才能體會這種徹底的絕望感；我們幾乎已經認定自己被打敗了，正準備離開山谷到別的地方去碰碰運氣。但是，要不是我那最後的一錘，我們永遠也不會發現，這些無超出我們夢想所及的寶藏。」

　　所以，卡特最後一錘的努力成了全世界的頭條新聞，這一錘使他發現了近代唯一一個完整出土的法老墳墓。

　　任何一個成功的落實都是經過艱苦卓絕的努力和衝破失敗的陰影才能夠獲得的，因此，在完成一件艱巨的工作的時候，面對困難，一定不要輕言放棄。不放棄，就有一絲希望；不放棄，就能讓人看見了在風中跳舞的春光；不放棄，就能面對追求過程中更多的磨難；不放棄，就有希望掌握住每個今天；不放棄，就能感受到真實的存在。

　　總而言之，不管你從事什麼行業，做什麼事情，落實都需要時間來推

進，這時耐心與堅持就顯得尤為重要。在工作中，很多員工可以把工作落實完成，就因為他比別人多忍耐了一下；而有的人沒有完成任務，就是因為他放棄了，沒有堅持到最後。所以，假如你在有限的生命中，要想有所作為，就必須養成凡事有耐心、不急不躁的好性格，這樣才能保證工作的落實，成功也必將指日可待。

工作不需要別人來安排

在企業有很多這樣的人，經常閒著無事可做，走過去一問原因，就說：「老闆安排的事情做完了啊！」這樣的人每個公司都大有人在，他們認為，只要做完老闆安排的工作任務就是做到最好了。

這種老闆安排一件事就只做一件的人，遲早會失去工作，因為，老闆根本沒有那麼多時間來安排他的工作。如果你想成為最好員工，那麼，就要做到不等老闆來檢查，你就做好了你的工作，而且還要懂得主動去做更多的事情。

卡內基曾經說過：「有兩種人永遠將一事無成，一種是除非別人要他去做，否則，絕不主動去做事的人；另一種則是即使別人要他去做，也做不好事的人。那些不需要別人催促就會主動去做應該做的事、而且不會半途而廢的人必將成功。」

有成功潛力的人，總是自動自發地為自己爭取最大的進步。只有積極主動地做事情，才會讓雇主驚喜地發現你實際做的比你原來承諾的更多，讓你更有機會獲得加薪和升遷。

這樣工作態度將會使你與眾不同，你的主管和客戶會願意加倍信賴你，從而給你更多發展的機會。

第八章　積極行動，將工作落實

德尼斯最初在杜蘭特的公司工作時，只是一個毫不起眼的普通職員，現在他已成了杜蘭特先生最得力的助手，擔任著一家分公司的總裁。他之所以有今日的成就，就是因為他總是設法使自己多做一點工作。

剛來公司工作時，他發現，每天大家都下班後，杜蘭特依舊會留在公司工作到很晚，於是他決定也留在公司裡。雖然誰也沒有要求他這樣做，他只是想著，在杜蘭特先生需要時給他提供幫助。

杜蘭特先生在工作時經常需要查找文件和列印資料，這些工作雖然簡單卻很繁瑣。於是，德尼斯主動請示老闆，表示自己可以協助做這些工作。

儘管德尼斯並沒有多獲得一分錢的報酬，但他卻獲得了更多的機會，讓老闆認知了他的能力，為自己的進一步發展創造了機會。

成功的機會總是在尋找那些能夠主動做事的人，可是很多人根本就沒有意識到這點，因為，他們早已習慣了等待。只有當你主動、真誠地提供真正有用的服務時，成功才會隨之而來。每一個雇主也都在尋找能夠主動做事的人，並以他們的表現來獎勵他們。

一個來自偏遠地區的打工妹，由於沒有什麼特殊技能，就應徵到一家餐館做了一名服務員。在別人看來，服務員的工作再簡單不過，只要招待好客人就可以了。

可是這個女孩的表現都出人意料，她從一開始就表現出了極大的熱情。一段時間後，她不但能熟悉常來的客人，掌握了他們的口味，而且只要客人光顧，她總是千方百計地使他們高興而來，滿意而歸。她不但贏得了顧客的連連稱讚，也為飯店增加了收益 —— 她總是能讓顧客多點一兩道菜，並且在別的服務員只能照顧一桌客人的時候，她卻能獨自招待幾桌的客人。

　　老闆非常欣賞她的工作熱情，也很滿意她的工作業績，於是準備提拔她做店內的主管，她卻婉言謝絕了老闆的好意。原來，一位投資餐飲業的顧客看中了她的才能，準備與她合作，資金完全由對方投入，她負責管理和員工的培訓，並且對方鄭重承諾：她將獲得 25% 的股份。現在，她已經成為一家大型餐飲企業的老闆了。

　　比爾蓋茲說過：「一個好員工，應該是一個積極主動去做事，積極主動去提高自身技能的人。這樣的人，不必依靠強制手段去激發他的主觀能動性。」身為公司的一員，你不應該只是局限於完成主管交給自己的任務，而要站在公司的立場上，在主管沒有交代的時候，積極尋找自己應該做的事情，主動地完成額外的任務，出色地為公司創造更多的財富，同時也擴大了自己發展的空間。

　　在現代的企業裡，很多員工常常要等老闆交代做什麼事，怎麼做之後，才開始工作。殊不知，這種只是「聽命行事」或「等待老闆吩咐」去做事的人，已不再符合新經濟時代「最好員工」的標準。時下，企業需要的、老闆要找的是那種不必老闆交代就積極主動做事的員工。

　　在任何時候都不要消極等待，企業不需要「守株待兔」之人。在競爭極為激烈的年代，被動就要挨打，主動才可以占據優勢地位。所以要行動起來，隨時隨地掌握機會，並展現超乎他人要求的工作表現，還要擁有「為了完成任務，必要時不惜打破常規」的智慧和判斷力，這樣才能贏得老闆的信任，並在工作中創造出更為廣闊的發展空間。

　　在新經濟時代，昔日那種「聽命行事」不再是「最好員工」模式，時下老闆欣賞的，是那種不必老闆交代，積極主動去做事的人。那些不論老闆是否安排任務、自己主動促成業務的員工，那些交給任務、遇到問題後不會提出任何愚笨的、囉嗦問題的員工，那些主動請纓、排除萬難、為公

第八章　積極行動，將工作落實

司創造巨大業績的員工，就是時下老闆要找的人。他們與那些充滿懶懶散散、漠不關心、馬馬虎虎的工作態度，除非苦口婆心、威逼利誘才能把事情辦成的被動者相比，確實有天壤之別。

現代市場經濟，千萬不要認為只要準時上班、按點下班、不遲到、不早退就是完成工作了，就可以心安理得地去領薪資了。其實，工作首先是一個態度問題，工作需要熱情和行動，工作需要努力和勤奮，工作需要一種積極主動、自動自發的精神。自動自發工作的員工，將獲得工作所給予的更多的獎賞。

▌不要等待萬事俱備

有一位名叫沃斯特的美國女孩，她的父親是波士頓有名的整形外科醫生，母親在一家聲譽很高的大學擔任教授。她從念大學的時候起，就一直夢寐以求地想當電視節目的主持人。她覺得自己具有這方面的才能，因為每當她和別人相處時，即便是陌生人也都願意親近她並和她長談。她知道怎樣從人家嘴裡「掏出心裡話」，她的朋友們稱她是他們的「親密的隨身精神醫生」。她自己常說：「只要電視臺肯錄取我，我相信一定能成大事。」

但是，她為達到這個理想而做了些什麼呢？其實什麼也沒做！

應該說，她的自身條件非常好，她完全可以透過自己的努力進入主持人的行列，可是，她一直在等待電視臺親自錄取她做電視節目的主持人。當然，這是不可能的事，奇蹟永遠不會出現，因為奇蹟不會青睞一個沒有行動和準備的人。

實際上，在工作中，有很多員工就是這種等待「奇蹟」的人，他們希望得到高的薪資報酬，希望得到老闆的賞識，這當然是好的，但是，他們在實現這個期望的過程中，沒有將希望變成實際的行動，工作馬馬虎虎，

敷衍了事，碰到問題時總是盡量迴避，或者是希望別人來解決，甚至是隱瞞問題，以此來逃避責任。這樣的員工能得到重用嗎？當然不能。

世界上沒有絕對完美的事，「萬事俱備」只不過是「永遠不可能做到」的代名詞。以周密的思考來拖延自己的行動，甚至比一時的衝動更愚蠢。如果一件事情延遲下去，滿足「萬事俱備」這一先行條件，不但辛苦加倍，還會使靈感失去應有的樂趣。一個落實型的員工是不會等待萬事俱備的時候再動手的。

提到可口可樂，我們自然就會想到它那設計獨特的瓶子，既美觀又實用，但是，你或許還不知道這種瓶子是誰發明的吧？

這種瓶子是幾十年前一位叫魯特的美國年輕人設計發明的。魯特當時只是一名普通的製瓶工廠工人，他常常和自己心愛的女友約會。

有一次，在他與女友約會時，發現女友的裙子非常漂亮，因為裙子膝蓋上部分較窄，腰部就顯得更有吸引力。他想，如果能把玻璃瓶設計成女友裙子那樣，一定會大受消費者歡迎。

這種想法本非常簡單，但可貴的是，魯特並不只是想想而已，第二天，他就開始動手設計製作這樣的瓶子。魯特經過反覆試驗和改進，最後終於製成了一種造型獨特的瓶子；握在瓶頸上時，沒有滑落的感覺；瓶子裡面裝滿液體，看起來也比實際的分量多很多，而且外觀別緻優美。

魯特相信這樣的瓶子一定會有市場，於是他為此申請了設計專利。沒想到當時可口可樂公司恰好看中了他設計出來的瓶子，以 600 萬美元買下了瓶子的專利。而魯特也因此從一名工人搖身一變成了一位百萬富翁。

像魯特這種類似的靈感有時我們也會有，其實每個人都有成功的機會，但是，我們有了想法之後是卻不一定會立即行動。假如魯特沒有立即採取行動，靈感可能就會一閃即逝，那他就有可能一生也成不了百萬富翁。

所以，杜絕拖延，不要等待萬事俱備，可以給我們帶來很多好處：能使我們贏得寶貴的時間，能使我們的事業獲得發展，能使靈感實現它的現實價值。

威廉‧詹姆斯說：「靈感的每一次閃爍和啟示，都讓它像氣體一樣溜掉而毫無蹤跡，這比喪失機遇還要糟糕，因為它在無形中阻斷了熱情噴發的正常管道。如此一來，人類將無法聚起一股堅定而快速應變的力量以對付周圍的突變。」

立即行動，不要等待萬事俱備是一名落實者應該秉持的工作理念，任何好的規劃和藍圖都不能保證你成功，只有行動才不同。很多員工今天的成就，不是事先規劃出來的，而是在行動中一步一步經過不斷調整和實踐出來的。因為任何規劃的東西都是紙上的，與實際總是有一定的距離，只有馬上行動，計畫才不會成為白日夢。

▌一次行動勝於百遍胡思亂想

一次行動勝於百遍胡思亂想，沒有行動就沒有效率。行動本身會增強信心，不行動只會帶來恐懼。夢想是效率的起跑線，決心是起跑的槍聲。

哥倫布（Christopher Columbus）在求學時，偶然從一本書中知道地球是圓的。經過思索和研究，哥倫布認為：如果地球是圓的，那就可以經過極短的路程到達印度。

許多大學教授和哲學家們都恥笑他，因為一直向西行駛，船將駛到地球的邊緣而掉下去！

17 年過去了，哥倫布都沒有放棄自己的想法。他決定去見女王伊莎貝拉。女王讚賞他的理想，並賜給他船隻。但是，水手們都怕死，沒人願意隨他去，於是哥倫布跑到海濱捉住了幾位水手，哀求，勸告，甚至恫嚇他們。

另外，他又請女王釋放了獄中的死囚，並承諾如果凱旋歸來可以恢復自由。

　　1492 年 8 月，哥倫布率領三艘帆船開始了劃時代的航行。但是，沒過幾天，就有兩艘船破了，接著又在幾百平方公里的海藻中陷入了進退兩難的險境。哥倫布親自撥開海藻，才得以繼續航行。在浩瀚無垠的大西洋中航行了 70 多天，也不見大陸的蹤影，水手們都失望了，他們要求返航。哥倫布兼用鼓勵和高壓兩手，總算說服了船員。天無絕人之路，在繼續前進中，哥倫布忽然看見有一群飛鳥向西南方向飛去，他立即命令艦隊改變航向，緊跟這群飛鳥，因為他知道海鳥總要落腳，所以他預料到附近可能有陸地。哥倫布果然很快發現了美洲新大陸，最終成了英雄。

　　而凱撒大將只因為接到報告後沒有立即閱讀，遲延了片刻，竟喪失了自己的性命！曲侖登的司令雷爾叫人送信向凱撒報告，華盛頓已經率領軍隊渡特拉華河，當信使把信送給凱撒時，凱撒正在玩牌，他把信放在自己衣袋裡，牌玩完後他一讀信，大吃一驚，他知道大事不妙，急忙召集軍隊，但為時已晚，最後全軍被俘。就是因為數分鐘遲延，凱撒竟然失去了他的榮譽、自由和生命！

　　將一個好主意付諸實踐，比在家空想出一千個好主意要有價值得多。

　　美國的成功學家格林在演講時，時常對觀眾開玩笑地說，美國最大的快遞公司（聯邦快遞）其實是他發明的。格林的確有過這個主意，但是我們相信世界是至少還有一萬個和他一樣的創業家也想到過同樣的主意。格林剛剛起步時，每天都生活在趕截止日期，並在時限內將文件從美國的一端送到另一端的時間縫隙中。當時格林曾想到，如果有人能夠開辦一個將重要文件在 24 小時之內送到任何目的地的服務，該有多好！這個想法在他腦海中駐留了好幾年，一直到有一個名叫弗雷德里克‧華萊士‧史密斯（Frederick Wallace Smith）的人真的把這主意轉換為實際行動。

第八章　積極行動，將工作落實

每天都有無數人把自己辛苦得來的新構想取消或埋葬，因為他們不敢執行。過了一段時間以後，這些構想又會回來折磨他們。

行動之後才見結果

無論是怎麼樣的結果都只有在真正行動之後才會出現，這是一個公司員工在面對自己從來沒有做過的專案時應該牢記的一點。只有這樣你才會累積起真正的勇氣去面對一切困難，從而獲得在別人或者自己看來都是不可能的一切。

沒有任何人可以未卜先知，沒有任何人可以完全預測行動的結果，更沒有任何人可以在行動之前說你必將失敗，因為無論什麼樣的結果，只有在行動之後才會出現，而當你勇敢地行動起來時，這樣的結果往往將變成你自己與公司的一次新的成功。

當諾貝爾（Alfred Bernhard Nobel）決定要研發新的烈性炸藥時，沒有任何人相信他。當諾貝爾的弟弟在試驗中喪生時，大家都一致預言，如果諾貝爾不選擇放棄的話，他最終的結果只能是將自己炸死。

勇敢者相信的永遠只能是現實，諾貝爾選擇了拋棄害怕、猶豫，讓行動來促成結果的出現。最後，他成為黃色炸藥的偉大發明者。

美國亞特蘭大市，在 1996 年舉辦奧運會之前只不過是美國一個很少有人知曉的城市，但卻因成功舉辦奧運會而聞名於世。這要歸功於比利‧佩恩（Billy Payne）的偉大勇氣與不懈的努力。

1987 年比利‧佩恩最初產生申辦奧運的想法時，朋友們都懷疑他是否喪失了理智。但是比利‧佩恩相信自己的行動，他堅信最終的結果只有在行動之後才會出現，而在這之前的一切說法都不過是自己的臆測。比利‧

佩恩放棄了律師合夥人的職位，全身心地投入到這項活動中來。他開始四處奔走，並以最大的努力獲得了市長的大力支持，組成了一個合作小組，然後用極大的熱情說服了眾多大公司向他們的小組投入了資金，並且在世界各地巡迴演講，尋求支持。

每到一個地方他們就做一個「亞特蘭大房舍」，邀請國際奧會的代表共進晚餐，以增進代表們對亞特蘭大的了解。

1990 年 9 月 18 日，比利·佩恩和他的同伴們的努力與行動贏得了回報，國際奧會打破傳統做法和慣例，將 1996 年奧運會的主辦權交給了第一次提出申請的美國城市亞特蘭大！

比利·佩恩說：「我一直都有這樣的觀點，我不喜歡周圍消極的人，我們不需要有人經常提醒我們成功的可能性不大；我們需要那些積極向我們提供策略和解決問題方法的人。」

比利·佩恩和他的團隊明白這樣一個道理，無論是怎麼樣的結果都只有在真正行動之後才會出現，這是任何人，特別是一個公司員工在面對自己從來沒有做過的專案的時候應該牢牢記住的一點。只有這樣你才會累積起真正的勇氣去面對一切困難，從而獲得在別人或者自己看來都是不可能的一切。

第八章　積極行動，將工作落實

第九章

精誠團結，積極融入到團隊中去

如今的社會已經不是那種靠單槍匹馬打天下的時代了，一個人能力再強，如果沒有團隊精神做依託，他遲早也會以失敗而告終的。因為現代社會的競爭，就是團隊的競爭，真誠合作的團隊精神是企業成功的保證。一個企業只有擁有了一流的團隊，才能做出一流的業績。對於一個好員工也一樣，只有依靠團隊的力量，才能達到個人的目標。所以，作為一名好員工，我們必須樹立起自己的團隊意識，只有這樣，企業和個人才能不斷地向前發展。

第九章　精誠團結，積極融入到團隊中去

個人英雄主義要不得

一個優秀的團隊，不應該僅僅存在一個大英雄，而應該人人都是英雄。一個企業不僅僅需要高層那麼幾個英雄人物，更需要形成中層強有力的團隊，也需要一般員工的團隊精神。

IBM 資源部經理曾說過這麼一句話：「團隊精神反映一個人的素養，一個人的能力很強，但團隊精神不足，IBM 公司也不會要這樣的人。」

SCI 公司人力資源部經理也說過：「SCI 公司生產世界上最先進的電腦，但世界上有一種儀器比電腦更精密，也更具有創造力，那就是人的身體。團隊精神就好比人身體的每個部位，一起合作去完成一個動作。」對公司來講，團隊精神就是每個人各就各位，通力合作。我們公司的每一個獎勵活動或者我們的業績評估，都是把個人能力和團隊精神作為兩個最主要的評估標準。如果一個人的能力非常好，而他卻不具備團隊精神，那麼我們寧可選擇後者。

一個人活著是要有一點精神的，一家企業的生存和發展也是需要精神力量的。無數的個人精神，凝聚成一種團隊精神，這家企業才能興旺發達，基業長青。

從前，有 3 頭水牛在一片草原上生活了很長時間，儘管牠們吃住在一起，但彼此從不說話。一天，一頭獅子路過這裡，看到了水牛。獅子已經飢腸轆轆，但牠知道不能同時向這 3 頭水牛發起進攻。因為 3 頭水牛加在一起的力量遠遠超過牠，會被牠們撞死的。因此，獅子每次只接近一頭水牛。由於水牛不知道彼此在做什麼，沒有看出獅子要將牠們分而食之的陰謀。獅子的詭計得逞了，3 頭水牛各自為戰，最後被一一擊破。就這樣，獅子打敗了 3 頭水牛，滿足地飽餐了好幾頓。3 頭水牛之所以被擊敗，是

因為牠們在行動上沒有顧及團隊的整體利益或目標，各自獨立為戰，最終只能被獅子吃掉。

在動物中，團隊精神都顯得如此重要，重要到關係生死存亡的地步。其實，深究下來，團隊精神何嘗不關係到我們的生存？魯賓遜漂流荒島，最終還是要回歸社會。我們人類的生活也離不開群體的合作。如果你不懂得分工合作，最後的結果就是你會成為一匹被宰殺的羔羊。

所以說，在工作中展現整體目標是非常重要的，因為只有這樣才能保持各個部分之間的協同，才能使團體效率最大化。

▌團隊的目標高於一切

任何團隊都有其確定的目標，團隊裡的每一個成員都是為了完成這個目標而工作。團隊的目標高於一切，是人們共同的目的地，為了這個目標，人們彼此協調，並肩作戰。

在自然界中，還有一個團隊是值得我們學習的，那就是雁群。科學家發現，當雁群成「V」字形飛行時，群體中的大雁要比孤雁節省體力，相對也就有了更持久的飛行能力。這種擁有相同目標的合作夥伴型的關係，可以彼此互動，更容易到達目的地。員工融入公司的整體目標，公司才能體會到團隊力量。

團隊是一個群體，包含很多個體單位。當團隊形成以後，每個個體都會對團隊以及其他成員有一定的要求。明確其他人有哪些要求，對個體融入團隊是非常有幫助的。

團隊有特定的目標，因此，當某個個體在為這個目標而奮鬥的時候，他希望團隊的其他成員也在努力工作。如果其他人不能為目標的實現做出貢獻，就會拖累整個團隊的工作進展，進而影響到個體的利益。

第九章　精誠團結，積極融入到團隊中去

團隊中的每一個成員都要樹立團隊目標至上的信念。只有整個團隊的目標達到了，團隊的業績提高了，自己的才能才會得到最大限度地發揮，人生價值才能得到最大限度地實現。

因此，在日常工作中要講公正，無私奉獻；要加強溝通與合作，充分整合各種資源，充分發揮自己的才能。每個人都離不開團隊，團隊也離不開自己，不斷增強自己的責任感和使命感，進而不斷提高團隊意識，服從團隊的目標。

心中有了團隊的目標，對工作中遇到的難題要集思廣益，積極徵求其他成員的意見，充分發揮成員的創造性思維，在工作上不斷創新和提高。有了這個共同的目標，也就有了行為的標準，也就不會為工作中跟相關部門的摩擦而耿耿於懷，大家真正能做到精誠團結，協力作戰，建設有強凝聚力的公司形象。

職場上一定會有勞逸不均的現象，你也不能保證自己在工作上從不犯錯，心中有了這個共同的目標，人們就會在自己出錯時，用良好的態度可以彌補一切過失，而不是急著把責任往別人身上推。

團隊目標對於我們處理個人發展與公司發展關係的問題很有益處。以一種事業心來做事，也就是真正把個人的發展融入到公司的發展當中去了。當公司發展壯大了，你會發現自己自然而然地得到了應得的回報。

因此，你還要發揮你自己的才華。透過個人才華的有效發揮，提高成員獨立作戰的能力和市場競爭意識，個人的綜合素養也會得到很大提高，團隊的戰鬥力也會大大增強。

團隊的目標高於一切，個人目標要永遠服從於團隊目標。團隊目標和個人目標是一對辯證又統一的矛盾，所以兩者在特定的條件下同時存在，必然會產生一定的矛盾。如果處理不當，勢必會影響團隊的整體戰鬥力。

根據團隊利益高於一切的原則，個人目標必須永遠服從於團隊目標，必須在維護團隊目標的前提下，發揮個人才能。否則過度壓制個人才能的發揮，團隊就會缺乏創新力，跟不上市場形勢的發展。過度強調個人目標，就會造成成員之間缺乏合作精神，各自為政，目標各異，個人利益就會占據上風，團隊利益就會被淡化，整個隊伍很可能成為一盤散沙，不堪一擊。

公司的團隊目標高於一切，只有每個成員都按照這個原則來工作，團隊的目標才比較容易達到。是否做到「團隊目標高於一切」是判別一個員工是否優秀的重要標準。現代公司崇尚團隊意識，與團隊目標格格不入的人，即使他很能幹，也不可能成為一個優秀的員工，在這種情況下，他要麼改變自己，融入團隊，要麼選擇離開。

▎不能沒有團隊精神

一個團隊要是沒有團隊精神那將會是一盤散沙，一個民族要是沒有民族精神也將無所作為。

團隊精神就是大局意識、合作精神和服務精神的集中展現，它包含兩層含義：一是與別人溝通、交流的能力；二是與人合作的能力。員工個人的工作能力和團隊精神對企業而言是同等重要的，如果說個人工作能力是推動企業發展的縱向動力，團隊精神則是達成企業經營目標的橫向動力。

因此，員工作為個體應不斷提升工作能力，而作為團隊成員則應與同事加強溝通、同舟共濟、互敬互重、禮貌謙遜，既尊重個性，也重視大局，彼此之間密切配合。

一個團隊有了團隊精神就能夠不斷地釋放團隊成員潛在的才能和技巧；能夠讓員工深感被尊重和被重視；鼓勵坦誠交流，避免惡性競爭；用

第九章　精誠團結，積極融入到團隊中去

職位找到最佳的合作方式；為了一個統一的目標，大家自覺地認同必須擔負的責任和願意為此而共同奉獻。

俗話說得好「一根筷子輕輕被折斷，十雙筷子牢牢抱成團」，這是團隊精神的一個最簡單的例子。團隊精神是企業成功的要訣之一，它展現著企業的凝聚力，這種精神對於企業的發展越來越重要，我們必須認知到團隊合作的重要性和必要性，並真正在工作中發揮團隊精神，為企業的組織團隊出力。

團隊不是指任何在一起工作的集團。團隊工作代表了一系列鼓勵傾聽、積極回應他人觀點、對他人提供支援並尊重他人興趣和成就的價值觀念。不難發現：一、團隊最基本的成分——團隊成員，是經過選拔組合的，是特意配備好的；二、團隊的每一個成員都做著與別的成員不同的事情；三、團隊管理是要區別對待每一個成員，透過精心設計和相對的培訓使每一個成員的個性特長能夠不斷地得到發展並發揮出來。這才是名副其實的團隊。

這樣，團隊與一般性集團鮮明的差別就顯現出來了——創造團隊業績。團隊業績來自於哪裡？從根本上說，首先來自於團隊成員個人的成果，其次來自於群體成果，一句話，團隊所依賴的是個體成員的共同貢獻，因此得到實實在在的群體成果。這裡恰恰不要求團隊成員都犧牲自我去完成同一件事情，而要求團隊成員都發揮自我去做好應該做的事情。

也就是說，團隊精神的形成，其基礎是尊重個人的興趣和成就。設置不同的職位，選拔不同的人才，給予不同的待遇、培養和肯定，讓每一個成員都擁有特長、表現特長，這樣的氛圍是越濃厚越好。

當然，我們不能忘記團隊的根本功能或作用，即在於提高組織整體的業務表現。強化個人的工作標準也好，幫助每一個成員更好地實現成就也

好，目的就是為了使團隊的工作業績超過成員個人的業績，讓團隊業績由各部分組成而又大於各部分之和。於是，團隊的所有工作成效最終會不由分說地在一個點上得到檢驗，這就是合作精神。

一次，聯想運動隊和惠普運動隊做攀岩比賽。惠普隊強調的是齊心協力，注意安全，共同完成任務。聯想隊在一旁，沒有做太多的士氣鼓動，而是一直在合計著什麼。比賽開始了，惠普隊在全過程中幾處碰到險情，儘管大家齊心協力，排除險情，完成了任務，但因時間過長最後輸給了聯想隊。那麼聯想隊在比賽前合計著什麼呢？原來他們把隊員個人的優勢和劣勢做了精心的組合：第一個是動作機靈的小個子隊員，第二個是一位高個子隊員，女士和身體龐大的隊員放在中間，殿後的當然是最具有獨立攀岩實力的隊員。於是，他們幾乎沒有險情地迅速地完成了任務。

可見團隊的一大特色就是：團隊成員一定要在能力上是互補的。共同完成目標任務的保證就在於發揮每個人的特長，並注重流程，使之產生協同效應。

那麼，團隊精神的最高境界是什麼？是全體成員的向心力、凝聚力。這是從鬆散的個人集合走向團隊最重要的標誌。

有著一個共同的目標並鼓勵所有成員為之而奮鬥固然是重要的，但是，向心力、凝聚力，一定來自於團隊成員自覺的內心動力，來自於相似的價值觀。我們很難想像在沒有展示自我機會的集團裡能形成真正的向心力；同樣我們也很難想像，在沒有明瞭的合作意願和合作方式下能形成真正的凝聚力。那麼，確保沒有信任危機就成為問題的關鍵所在，而損害最大的莫過於團隊成員對組織信任的喪失。

▌團結合作才能雙贏

在職場中打拼的人都雄心勃勃，想建功立業。然而，卻很少有人明白這樣一個道理，要得到多少，你就必須先付出多少。只知索取，不知付出，這樣的人，成功肯定不會降臨到他身上，他的人際關係也會非常的糟糕，沒有人會對他滿意。

有句諺語告訴人們：「兩個人分擔一份痛苦，就只承擔半份痛苦。兩個人享受一份快樂，就成了兩份快樂。」因此，作為職場中人，大家要學會把自己的與別人分享，同時也學會從別人所擁有的快樂裡得到快樂。在創造自己快樂的同時，你也要學會和別人一起分享快樂，那麼你就可以做一個永遠快樂的人。

工作是一臺結構複雜的大機器，進入職場的每個人就好比每個零件，只有各個零件凝聚成一股力量，這臺機器才能正常啟動。這也是工作中每個員工應該具有的工作精神和職業操守。所以，我們充分發揮每個人的長處，揚長避短，資源分享，形成合力，才能取得「1＋1＞2」的效果。

作為實施專案的團隊成員，尤其要加強個體和整體的協調統一。在工作中，你絕不應該只顧自己，必須處處都為他人著想，最好把別人也當做你自己一樣看待。這樣，別人一定都樂於和你親近，而你的成功就更有掌握了。

有兩個釣魚高手一起到魚塘垂釣，不久他們就收穫不少。這時，魚塘附近來了十多名遊客，也開始垂釣。但是，無論他們怎麼釣也是毫無成果。

在兩位釣魚高手中，其中的一位性情孤僻而不愛理會別人，獨享垂釣之樂，而另一位卻十分熱心，愛交朋友。愛交朋友的這位釣魚高手，看到許多遊客都釣不到魚，就說：「如果你們想學釣魚，我可以教你們。但我教你們釣魚，會耽誤我自己的時間。不如這樣，如果你們學會了釣魚的訣竅，每釣到十條就分給我一條，不滿十條就不必給我。」遊客們聽了欣然同意。

　　於是，這位熱心助人的釣魚高手，把所有的時間都用於指導垂釣者。後來，他獲得的竟是滿滿一大簍魚，還認識了一大群新朋友。遊客們左一聲「老師」，右一聲「老師」，使這位釣魚高手備受尊重。而另一個一起來的、不樂於幫助他人的釣魚高手，卻沒享受到這種服務於人們的樂趣。他悶悶地釣了一整天，收穫也遠沒有同伴的多。

　　當然，真正的幫助並非是以對方的回報為出發點。也正因為如此，無私地、真誠地幫助別人才是最高的助人境界。因此，你要真心誠意地去幫助別人，千萬不要懷有某種個人目的，一旦被助者發覺自己是被你利用的工具，即使你對他再好，也只會適得其反。同時，得不到回報，你也不要覺得有失落感。要獲得真正成功的人際關係，你就只能用真誠的心與他人交往。以這樣的方式去幫助他人，他人才會感到真正的溫暖，你因此也會有一種成就感。

　　一些人活一輩子都不會想到，自己在幫助別人時，其實就等於幫助了自己。也許有人會不理解地問：「明明是我去幫助他們，他們受惠，怎麼是幫助自己呢？我受的惠在哪裡呢？」只要仔細地想一想，你就會明白：一個人在幫助別人時，無形之中就已經投資了感情。別人對於你的幫助會永記在心，只要一有機會，他們自然會主動報答你。友善地幫助別人能夠增強你的人格魅力。助人一定會得到好的回報，你也能在幫助別人的過程中分享快樂。同時，獲得別人的幫助也是你高效率工作的一個重要因素。

　　但是，一些人總是關懷自己的時候多，關懷他人的時候少。尤其是在得意忘形的時候，他們只知道海闊天空地誇耀自己，最容易忘記他人。就算他們心中還有他人存在，但一心想抬高自己，總不免有些傲慢。別人看見那副神態，心裡就會產生反感。更糟的是大家感覺自己不如他，從而嫉妒他，使他陷於孤立的境地，甚至吃虧。

第九章　精誠團結，積極融入到團隊中去

無論何時何地在工作中你的付出總是追求個人成功最保險的方式。能夠為別人付出時間和心力的人，才稱得上是真正富足的人。為別人付出不僅利人，同時也利己。付出是沒有存摺的儲蓄，我們每個人都會得到別人的幫助。

友善地幫助別人，不僅能夠影響別人，而且能夠改善我們的人際關係。每個人都需要別人的幫助。然而，許多人不善於幫助別人，也不喜歡幫助別人。相反，成功的人卻常常把幫助別人當作一種習慣。由於他們樂於幫助別人，善於幫助別人，習慣於幫助別人，一旦他們有需求的時候，別人就會主動來幫助他。

在我們事業和成功的路上，都曾經得到過別人的幫助。因此，我們也必須對別人的付出給予回報。這是公平的遊戲規則。

在職場中與同事相處也是一樣的道理。凡是自己的言行與同事的利益相關，付諸實踐前，應認真思考一下你的言行是否構成對同事利益的侵害？如果你自己都無法接受的言行，是絕對不能強加給別人的，反過來，有利有益的事情，要讓同事分享。這是同事間和諧相處的較高禮儀要求，做到了這一點就達到了較高的思想境界。而和諧的工作氛圍是人們高效率工作的關鍵。

▌團隊合作贏得精彩

如今社會分工越來越細，任何人都不可能獨立完成所有的工作，他所能實現的僅僅是企業整體目標的一小部分。因此，團隊精神日益成為企業的一個重要文化因素，它要求企業分工合理，將每個員工放在正確的位置上，使他能夠最大限度地發揮自己的才能，同時又輔以相對的機制，使所有員工形成一個有機的整體，為實現企業的目標而奮鬥。對員工而言，它

要求員工在具備扎實的專業知識、敏銳的創新意識和較強的工作技能之外，還要善於與人溝通，尊重別人，懂得以恰當的方式和他人合作，學會領導別人與被別人領導。

團隊合作就好比是一個人的手，五指雖然有大有小，有長有短，有粗有細；雖然各司其職，但他們又緊密合作，揮出為掌，能挾裹一縷勁風；握緊為拳，則蘊涵虎虎生氣。相反，如果每個指頭都各行其是，互相爭功，不知默契協助，其效率，其威力肯定將大打折扣，弄不好還會折損一二。

團隊精神最重要的核心就是無私奉獻，或者說是相互之間無條件的合作。既然是團隊中的一員，就應該時時、處處、事事為這個團隊的利益著想，盡量把自己塑造成為適合這個團隊的一部分，就如同一部完美運作的機器上面的一顆螺絲釘。也許就單個而言，你這一部分是微不足道的，很平凡的，但正是這許許多多平凡的零件組合在一起，才使得公司這部機器靈活高效地運轉起來。

有一則寓言說：有三隻老鼠一塊去偷油喝，可是油缸非常深，油在缸底，牠們只能聞到油的香味，根本就喝不到油，越聞越垂涎。喝不到油的痛苦令牠們十分焦急，但焦急又解決不了問題，所以牠們就靜下心來集思廣益，終於想到了一個很棒的辦法，就是一隻老鼠咬著另一隻老鼠的尾巴，垂吊下去缸底喝油，牠們取得一致的共識：大家輪流喝油，有福同享，誰也不可以有自私獨享的想法。

第一隻老鼠最先垂吊下去喝油，牠想：「油就只有這麼一點點，大家輪流喝一點也不過癮，今天算我運氣好，不如自己痛快喝到飽。」夾在中間的第二隻老鼠也在想：「下面的油沒多少，萬一讓第一隻老鼠喝光了，那我豈不要喝西北風嗎？我為什麼要這麼辛苦的吊在中間讓第一隻老鼠

第九章　精誠團結，積極融入到團隊中去

獨自享受一切呢！我看還是把牠放了，乾脆自己跳下去喝個淋漓痛快！」第三隻老鼠也暗自嘀咕：「油那麼少，等牠們兩個吃飽喝足，哪裡還有我的份，倒不如趁這個時候把牠們放了，自己跳到罐底飽喝一頓，一解嘴饞。」

於是第二隻狠心地放了第一隻的尾巴，第三隻也迅速放了第二隻的尾巴，牠們都爭先恐後地跳到缸裡頭去了。等牠們吃飽喝足後，才突然發現自己已經渾身溼透，加上腳滑缸深，牠們再也逃不出這個美味的油缸。最後，三隻老鼠都淹死在這個油缸裡。

一位員工不管你個人有多麼強大，你的成就有多麼輝煌，只有保持你與其他同事之間的友好合作關係，這一切才會有現實的意義。企業就是靠這些員工的團隊合作優勢贏得利益的。

員工的團隊合作精神是所有技能中最為重要的一種，如果每一位員工都具備團隊合作精神，企業不僅可以在短期內取得較大的效益，而且從長遠來說也十分有利於企業的發展。

一個哲人曾說過這麼一段話：你手上有一個蘋果，我手上也有一個蘋果，兩個蘋果交換後每人還是一個蘋果。如果你有一種能力，我也有一種能力，兩種能力交換後就不再是一種能力了。

胸懷大志並取得成功的人多善於從自己的同伴那裡汲取智慧和力量，從同行那裡獲得無窮的前進動力。這裡，我們姑且不說馬克思（Karl Marx）與恩格斯（Friedrich Engels）、居禮夫婦以及貝爾兄弟式的合作，而是指更廣泛意義上的智慧互補和人才合作。經常和他人合作，你就能發現自己的新能力。如果不去和他人合作，即使你有潛能也難以發揮出來。

在企業發展過程中，我們既要注重企業的團隊精神，但也要防止拉幫結派的現象發生，企業經營者必須正視「團體」現象給企業發展帶來的危

害。在 21 世紀的今天，企業只有成員上下同心，才可能健康成長。

　　一位偉人曾經說過：「一個人的成功與否，15% 在於個人的才能和技能，而 75% 在於處世待人的藝術和技巧。而處世待人的社交能力反映了一個人情商的高低。」公司就好像是一張網，每個員工都是網路的點，不管你做什麼事，你都以某種方式與別人發生著關聯。而與人合作就是充分認知和肯定別人的價值，並借用別人的價值，從而取得成功。

　　在追求個人成功的過程中，我們離不開團隊合作。因為，沒有一個人是萬能的，即便神通廣大如孫悟空，也無法獨自完成取經大任。然而，我們卻能夠透過建立人際互賴關係，透過別人的幫助，來彌補自身的不足。對於團隊而言，成員之間的友好相處和相互合作至關重要。一個優秀的企業必須有一個共同的目標，每位員工對公司內的其他員工的品行和能力都要確信無疑，並且能夠遵守承諾。如果企業內的員工置團隊利益於不顧，只打個人自私自利的盤算，耍陰謀，玩手段，那麼只會得到損人不利己的下場。

　　具有長遠目標的人知道任重道遠，他會清醒地意識到，光憑一己之力太有限了，要想實現大目標，需要的是眾志成城和齊心協力 —— 即要加強團隊合作。無數的事例已經證明，任何以犧牲組織和他人利益來獲取個人利益的行為，最終必定為組織和他人所拋棄。

　　比爾蓋茲再三對微軟的員工強調：「如果有一個天才，但其團體精神比較差，這樣的人微軟堅決不要。微軟需要的不是某個人鶴立雞群，而是攜手前進。」戰勝困難的過程，就是戰勝自我的過程，就是融入團隊的過程，也就是生命成長的過程。因此要時刻告訴自己：我不是萬能的，我離不開他人的幫助。而要想成功地融入團隊，就必須要有理解、寬容的待人態度，要設身處地理解團隊中的其他成員，要與人為善，寬容大度；要配合默契，熱情有度；要真誠待人，以此來贏得他人的信任、尊重和友誼。

第九章　精誠團結，積極融入到團隊中去

▎以團隊的利益為重

其實不僅是經理人，團隊中的每個人都應以團隊利益為重。尤其是在遇到困難時，團隊成員之間互助合作的優勢便發揮出來了。沒有人能單獨抵擋哪怕只是一次小小的打擊。即使不是應付複雜的工作，情緒波動也需要別人的安慰，沒有誰能保證他的狀態一直都能保持在最佳。一個團隊的成員相互鼓勵，會讓大家的情緒穩定。

王某原先任職的廣告公司破產了，他不得不去另一家廣告公司。王某迅速地融入了他的新團隊，周圍的人對他非常友好，他同樣熱情地加以回報。王某總是為團隊成員帶來最新一期的廣告創意雜誌，而最後翻閱者才是他本人。遇上公司加班時，公司提供的點心不合大家的胃口，王某總是自告奮勇去買零食。由於大家彼此視為朋友，不加掩飾地流露自己對工作與生活的各種看法，王某也改變了過去盡力克制自己感情的習慣。大家經常安慰王某盡快忘記過去的不快，彼此之間開一些得體的玩笑。王某感到團隊裡的每個人都是親密的朋友。

王某的舊同事李某則沒有他這麼幸運。李某到了一家大公司，職位比王某高一等，薪資也比王某可觀。可是不久他便來向王某訴苦了。他一開始也得到了公司同事的照顧，雖然不是所有人都那麼熱情，但愉快的感覺還是經常體會得到。由於市場競爭激烈，這個公司能力有限，無法應對危機和風險，經常在競爭中落敗。最令李某氣餒的是，這個公司沒有明確的目標。雖然個別成員雄心勃勃，但他們從沒想過要和公司一起前進，只顧在高層主管面前表現自己。

李某的遭遇告訴我們，一個公司、一個部門就是一個團隊，如果團隊成員不在工作中齊心協力，即使某一兩個人工作出色，也離達到目標之期甚遠。

人們可以了解一下歷史上那些取得傑出成就的人，他們是怎樣謙遜地把這些成就歸功於他們所理解的團隊的。

科學家歐內斯特·拉塞福（Ernest Rutherford）也說：「科學家不是依賴於個人的思想，而是綜合了幾千人的智慧。所有的人想一個問題，並且每人做它的部分工作，添加到正建立起來的偉大知識大廈之中。」

德國哲學家約翰·沃夫岡·馮·歌德（Johann Wolfgang von Goethe）說：「我不應把我的作品全歸功於自己的智慧，還應歸功於我以外向我提供素材的成千成萬的事情和人物。」

那些成功人物的言談並非是說自己能力有限，實際上他們都是傑出的人。他們所要表達的真實含義是，個人需要與他人合作，或者需要他人的幫助。即便是出於個人利益需要的聯合，我們每個人也要歸屬於團隊，因為只有團隊才可能完成複雜的任務。即使個人有能力把任務包攬下來，他的精力與時間也不夠。團隊的成功也不會忘記它的功臣，如果你的確具備超絕的才能，你總會在團隊中找到屬於你的位置。

團隊對於工作的重要性還展現在：當遇到困難時，來自團隊成員之間的鼓舞，會讓你精神振奮，工作起來也會更有幹勁。困難有時候會比人們想像的來得更直接、更激烈。如果你無法認知到團隊的重要性，不努力與團隊其他成員融為一體，那麼你在困難面前將顯得更加無所適從。

下面的小故事也許能啟迪你的智慧：

一個年輕人在曠野中迷失了方向找不到出路。他遇見一個中年人，便走上前問：「先生，我迷了路。你可以告訴我怎樣走出這片曠野嗎？」

「對不起，」中年人說，「我也不知道怎樣走出去。但也許我們可以結伴同行，一起找出路。」最後，年輕人與中年人互相鼓勵，彼此幫助，一起走出了曠野。

第九章　精誠團結，積極融入到團隊中去

　　如果同處困境的人能夠同情對方，攜手合作，那麼他們就有可能共同找到出路。

　　作為具有共同目標的團隊中的成員，在通往目標的路上會遇到數不勝數的困難。即使一時進行順利，也要考慮隨時可能出現的挫折和阻力，正所謂「人無遠慮，必有近憂」。所以團隊成員要像故事中的這兩位夥伴一樣，懷著關愛之心，彼此同心合作，共同前進。因為重視你的團隊，發揮團隊成員的合力優勢，才能提高工作的效率。

▌團隊合作才能取得成功

　　個人英雄主義單打獨鬥的時代一去不復返了，如今誰懂合作、誰會合作，誰就是未來的大贏家。

　　有一個故事，說的是有兩個人因馬車失事落入荒郊野外之中，沒有發現任何食物。幸運的是，失事之時，一個人緊緊抓住了一根魚竿，另一個人緊緊抓住了一簍魚。兩人分道揚鑣後，那帶著魚的人在原地搭起火堆就烤起了魚，美美地飽食了幾餐，一直吃了 5 天，再也沒有魚了，於是就餓死在空空的魚簍邊。另一個人帶著魚竿去尋找大海，在第 3 天，他眼見著蔚藍色的海水，力竭而亡，再也沒有可能去捕魚了。試想一下，如果他們通力合作，一同享用魚簍和魚竿，那麼在第 3 天時，一起吃完最後一條魚，來到海邊又捕上了一批魚，兩人都可以生存下來。

　　佛祖釋迦牟尼（Sakyamuni）曾經問弟子：「給你一滴水，怎樣才能讓它不乾？」弟子們答不出來。佛祖說：「融入大海。」一滴水只有融入大海才能生存，進而才能有所作為，才能掀起滔天巨浪。同樣，一個人也只有融入團隊才能生存。羅文之所以能夠把信送給加西亞，原因之一就是他背後有一批隊員，他們安排連絡人，安排路線；他們掩護戰友，擊退敵

軍。羅文有了他們的幫助，如虎添翼，才能成功抵達目的地。

生意是一種短期的暫時的合作 —— 在短時間內以暫時的條件合作。企業是一種長期的固定合作 —— 老闆出錢，員工出力，老闆拿利潤，員工拿薪資。唯有企業得以生存，員工才能獲得發展。企業是大家的企業，只有企業發展了，員工才能成長；反之，員工成長了，企業才能發展。這是一種合作雙贏的關係。

合作是一種偉大的雙贏思維，它突破了 1 ＋ 1 ＝ 2 的思維定式。單純從理論上說，1 ＋ 1 的結果有三種情形：一是 1 ＋ 1 ＜ 2，在這種情形下，人們沒有必要合作，也沒有必要競爭，因為這種結果是損人損己的；二是 1 ＋ 1 ＝ 2，在這種情形下，人們是在競爭，競爭的結果是一方輸、一方贏；三是 1 ＋ 1 ＞ 2，在這種情形下，人們就有必要合作，因為其結果是雙贏。而現實生活中，個人的成長、企業的發展、文明的進步都是建立在合作的基礎上。這說明雙贏是個人成長、企業發展以及文明進步的偉大思維。因此，一個具備合作意識的人，必定是一個能夠站在別人的立場考慮問題的人，必定是一個善於滿足他人需求的人，必定是一個開拓進取的人。

生意場有這樣一個不成文的規則：只要是有利可圖的交易，你賺100，別人賺 1,000，對於你來講也是成功的。這個道理其實很簡單。如果你不讓別人賺 1,000，你自己連那 100 也賺不到。

一個人若真的想成就一番事業，必須發揮合作精神。如果沒有其他人的合作，任何人都無法取得持久性的成功。如果兩個或兩個以上的人聯合起來，並且建立在和諧與諒解的基礎上，這一聯盟中的每一個人將因此倍增自己的能力。但是，有些人由於無知或自大，誤認為自己能夠駕駛自己的小船駛入這個處處都充滿危險的生命海洋。這種人終會發現，有些人生

第九章　精誠團結，積極融入到團隊中去

的漩渦比危險的海域還要危險萬分。只有透過和平、和諧的合作努力，才能獲得成功，單獨一個人必定無法獲得成功。即使一個人跑到荒野中去隱居，遠離各種人類文明，他仍然需要依賴他本身以外的力量才能生存下去。他越是成為文明的一部分，越是需要依賴合作性的努力。

李某擁有一家三星級的旅館，經朋友介紹，他認識了一名位氣很大的導演，導演準備在他的旅館召開一個新聞發布會。李某很爽快地同意了，可是在租金上不能與對方達成協議。李某要價二十萬，導演只答應出十萬，雙方爭執不下。那位從中介紹的朋友勸李某說：「你怎麼這麼傻，你只看到了十萬，十萬背後的錢可不止這個數，他們都是名人，平時請都請不來呢！」李某想，二十萬的要價不算太貴，只要堅持一下，對方肯定會接受的。所以他絕不鬆口。朋友生氣地說：「我沒有你這個目光短淺的朋友。」說完，朋友拋開李某自己走了。附近一家四星級旅館的總經理聽到這個消息，感到機不可失，馬上找到那位導演，說他願意把旅館的大廳租給導演，而且要價不超過十萬元。於是，導演便租了這家四星級旅館。開新聞發布會那幾天，除了許多記者、演員外，還有不少影迷，十幾層的大樓全部住滿，而且因為明星的光臨，這家四星級旅館名聲大振。

事實證明合作無疑是最有效的方法之一，它使雙方的優勢互補，並使得各自的能力產生放大的效果，從而能創造更大的利益。只要把餅做大，雙方共用一塊大餅，也要比一方獨享一塊小餅獲益大得多。

在現在競爭激烈的社會裡，我們每個人每時每刻都在競爭的狀態中苦苦掙扎著；同樣，不可否認的是，競爭意識有利於我們發揮自己的潛能。但如果我們只講競爭，不講合作的話，我們就成了一支孤軍奮戰的隊伍，或許我們本身有很好的技能，但最終在強大的敵人面前也不可能創造奇蹟。只有在競爭中合作，在合作中競爭，才能最終走向成功。

在非洲的一個地區，每年都有舉辦南瓜品種大賽的慣例，而每年的冠軍得主均是一個叫傑克的農夫。令人難以理解的是，獲得冠軍的他回到家鄉之後，毫不吝嗇地把獲獎的種子分送給他的左鄰右舍。有一天，傑克的朋友很奇怪地問他：「你的獎項得來不易，每年都看到你投入大量的時間精力來做品種改良，為什麼還這麼慷慨地將種子送給別人呢？難道你不怕他們的南瓜品種因此而超越你的嗎？」傑克笑了笑回答說：「我將種子分給大家，幫助大家，其實也就是幫助我自己啊！」我們知道，每家的田地都是地接地，彼此相連。如果傑克將得獎的種子分送給鄰居，鄰居們就能改良他們的南瓜品種，也可以避免蜜蜂在傳遞花粉的過程中，將臨近的較差品種的花粉傳給了自己的品種，這樣他才能夠專心致志地進行品種改良。反過來，如果傑克將得獎的種子占為己有，而不分給他的鄰居，為了防範外來蜜蜂等昆蟲所帶來的花粉弄雜了他的種子，就得花費大量的人力物力，為驅趕昆蟲而疲於奔命，恐怕還不會有什麼好的效果。

只有合作才能夠成功，傑克這樣做實際上是在幫助自己。每個人的能力都有一定的限度，善於與別人合作的人，才能夠彌補自己的能力不足，達到原本達不到的目的。

▌團隊精神永不過時

「有很強的溝通能力並善於與他人合作」，已成為企業在招聘員工時，衡量其素養的重要指標。團隊精神是現代企業成功的必要條件之一。能夠與同事友好合作，以團隊利益至上，就能夠把你獨特的優勢在工作中淋漓盡致地展現出來，也自然能夠引起老闆的關心，否則很難在現代職場立足，因為「獨行俠」時代已經一去不復返了。

第九章　精誠團結，積極融入到團隊中去

　　一家有影響的公司招聘高層管理人員，9名優秀應聘者經過初試，從上百人中脫穎而出，闖進了由公司老闆親自把關的複試。

　　老闆看過這9個人詳細的資料和初試成績後，相當滿意。然而，此次招聘只能錄取3個人，所以，老闆給大家出了最後一道題。老闆把這9個人隨機分成甲、乙、丙三組，指定甲組的3個人去調查本市嬰兒用品市場，乙組的3個人調查婦女用品市場，丙組的3個人調查老年人用品市場。

　　老闆解釋說：「我們錄取的人是用來開發市場的，所以，你們必須對市場有敏銳的觀察力。讓大家調查這些行業，是想看看大家對一個新行業的適應能力。每個小組的成員務必全力以赴！」臨走的時候，老闆補充道：「為避免大家盲目開展調查，我已經請祕書準備了一份相關行業的資料，走的時候自己到祕書那裡去取！」

　　2天後，9個人都把自己的市場分析報告送到了老闆那裡。老闆看完後，站起身來，走向丙組的3個人，分別與之一一握手，並祝賀道：「恭喜3位，你們已經被本公司錄取了！」面對大家疑惑的表情，老闆呵呵一笑，說：「請大家打開我請祕書給你們的資料，互相看看。」

　　原來，每個人得到的資料都不一樣，甲組的3個人得到的分別是本市嬰兒用品市場過去、現在和將來的分析，其他兩組的也類似。老闆說：「丙組的3個人很聰明，互相借用了對方的資料，補全了自己的分析報告。而甲、乙兩組的六個人卻分別行事，拋開隊友，自己做自己的。我出這樣一個題目，其實最主要的目的，是想看看大家的團隊合作意識。甲、乙兩組失敗的原因在於，他們沒有合作，忽視了隊友的存在！要知道，團隊合作精神才是現代企業成功的保障！」

　　在同一個辦公室裡，同事之間有著密切的連繫，誰都不能單獨地生存，誰也脫離不了群體。依靠群體的力量，做合適的工作而又成功者，不

僅是自己個人的成功，同時也是整個團隊的成功。相反，明知自己沒有獨立完成的能力，卻被個人欲望或感情所驅使，去做一個根本無法勝任的工作，那麼失敗的機率也一定更大。而且還不僅是你一個人的失敗，同時也會牽連到周圍的人，進而影響到整個公司。

由此不難看出，一個團隊、一個群體，對一個人的影響十分巨大。善於合作，有優秀團隊意識的人，整個團隊也能帶給他無窮的幫助。個體要想在工作中快速成長，就必須依靠團隊、依靠群體的力量來提升自己。

某集團的老闆在一次會議上說了一段非常精闢的話：

我們每個人都是社會的人，有合群的需要。我們同樣是職場人，從加入職場的那一刻起，我們就是職場這個團體的一分子。每個職員的一言一行代表的是本公司這個團體，也影響著本公司這個團體。如果一位員工缺少團結合作的精神，即使能在短時間內不會給集團造成危害，也不可能為集團帶來長遠利益。如果一位員工脫離團隊，不能採取合作的態度做一件工作，那麼團隊工作就會受到影響，團隊效率就會降低。只有以團隊目標為個人目標，以團隊利益為個人利益，維護團隊榮譽，這樣的個體才能受到大家的尊重。集團希望每一個本公司人都能以優秀的合作精神和良好的道德形象來提升公司的凝聚力及外在形象，與本公司同進退、共榮辱。

怎樣更好地發揮團隊精神？首先，要把集團的目標作為個人目標的基礎，凡是有利於集團發展的事就要主動、認真地去完成它或配合其他部門完成，力求將所有的事情做得更好、更快。其次，在集團內部，所有部門之間、部門內部上下級之間、前工序與後工序等彼此之間都要緊密配合，集團的工作只有透過大家的相互合作、群策群力才能圓滿地完成，所有人員在工作中應不斷溝通、根據實際情況合理調整工作方法以達成工作目標。出現問題時，應用積極的方式協商，解決問題，並改進流程，減少

或避免下次出現同樣的問題。透過大家發揮團隊精神，樹立主動服務的思想，用積極的行動為其他部門、為下道工序創造好的工作條件，盡心盡力幫助他人解決難題，使我們集團內部能夠更加高效地運作，從而使我們集團在同業中能夠領先一步，勝人一籌。

總之，員工靠企業生存，企業靠員工發展，每一個本公司人應充分發揮團隊合作精神，增強企業競爭力，提升客戶滿意度，使本公司越來越強大。」

本公司集團老闆把團隊精神詮釋得非常完美，正因為本公司集團重視和致力於培養員工的團隊精神，所以本公司集團也發展得越來越快。

▌融入團隊讓自己更完美

一隻駱駝不能穿越遼闊的沙漠，而一支駱駝隊伍卻能夠越過沙漠的死亡地帶。一個人要想成大事，必須學會合作，一方面可以彌補自己的不足，另一方面可以形成一股合力。衡量一個人的工作表現優劣，有時並不僅僅只看個人的成績。若與同事齟齬過多，也會成為你通往成功之路的暗礁。當然，注重工作中的人際關係，並不意味著你必須費盡心機與全公司的人打成一片。

一盤散沙，儘管它金黃發亮，仍然沒有太大的作用，但是如果建築工人把它摻在水泥中，就能成為建造高樓大廈的基石；如果化工廠的工人把它燒結冷卻，它就變成晶瑩透明的玻璃。單個人猶如沙粒，只有與人合作，才會達到意想不到的變化，成為不可思議的有用之材。一個人只有學會與人合作，才能讓自己的事業不斷向前。

我們如果把沙子、水泥和石頭堆在一起，在沒有水的情況下，這些東西是相互分隔的，它們只是混合物。但如果在這三樣東西裡加入水，攪拌

成混凝土後，本質就會發生變化，它們之間就會實現充分的融合，堅不可摧。這也正是人力資源管理領域中最著名的定理之一：米格 -25 效應。這個定理所說的是，蘇聯研發的米格 -25 噴氣式戰鬥機的許多零件與美國的相比都十分落後，但因設計者充分考慮了其整體性能，因此米格 -25 能在升降、速度、應急反應等方面成為當時世界一流的戰鬥機。因此，最佳整體不是最佳個體的集合，而是透過個體有機的搭配組合，才產生出的最大、最佳效能。

合理的人才搭配可以使人才個體在總體協調下釋放出最大的能量，從而產生出良好的組織效應。一個組織的效能，固然決定於各個人才的素養，但更有賴於人才整體結構的合理。結構的殘缺會影響組織的運轉；能力的多餘或不協調會增加內耗。合理的人才結構，能夠使人才發揮其長、互補其短，由此，發生良好的飛躍，誕生一種「群體力」，一種超過個人能力總和的新的力量。

因此，一個人要想獲得成功，一定要注意與其他人的配合、互補和相互取長補短，達到絕對的默契。在一個團隊中，既要有管理者，又要有智囊團、幹部，還要有執行的人。在執行的人中也不是清一色，也要盡量做到才能、性格不一樣，有剛有柔，形成才能互補，性格互補。只有不同類型的人才組合在一起，才能最終形成最佳團隊。在這樣的團隊中，成員之間既和諧又相容。因此，一個最優秀的團隊一定是人才組合最和諧的團隊，一個合理的人才群體結構，成員之間的才能、才幹是充分協調互補的。

小猴和小鹿在河邊散步，看到河對岸有一棵結滿果實的桃樹。小猴說：「我先看到桃樹的，桃子應該歸我。」說著就要過河，但小猴個子矮，走到河中間，被水沖到下游的礁石上去了。小鹿說：「是我先看到的，應該歸我。」說著就過河去了。小鹿到了桃樹下，不會爬樹，怎麼也摘不著

第九章　精誠團結，積極融入到團隊中去

桃子，只能無奈回來了。

這時身邊的柳樹對小鹿和小猴說：「你們要改掉自私的壞毛病，團結起來才能吃到桃子。」於是，小鹿幫助小猴過了河，來到桃樹下。小猴爬上桃樹，摘了許多桃子，自己一半，分給小鹿一半。小猴和小鹿吃得飽飽的，高高興興地回家了。

故事中的小猴與小鹿，就其個體而言，儘管都有自己的特長，但如果「單槍匹馬」是摘不到桃子的。然而，一旦牠們組成了一個相互合作的團隊後，就出現了取長補短的奇蹟 —— 輕而易舉地摘到了桃子。

尺有所短，寸有所長。曾有位博士頗有感慨地對朋友說：「在這個競爭的社會裡，什麼人都不能忽視。」的確，在一個大群體裡，做好一項工作，占主導地位的往往不是一個人的能力，關鍵是各成員間的團結合作配合。團結大家就是提升自己，因為別人會心甘情願地教會你很多有用的東西。畢業生剛從校園裡出來，不可能獨自承擔一個專案，特別是在程序化、標準化極強的行業裡，每個人只能完成一部分的工作，團隊合作在很大程度上關係著企業發展的命脈。無法想像一個只會自己工作，平時獨來獨往的人能給企業帶來什麼。有一位人事經理曾直截了當地說：「我從不錄取不積極參加群體活動的畢業生。」

在與同事之間的關係處理上，是處處要勝人一頭，還是合作互助？這實際上不單是人際關係問題，而且還是道德修養問題。同事之間關係和睦融洽，辦公室氛圍健康向上，對你個人來說，是莫大的好事，對公司的運轉和創益也會產生良性影響。

諾貝爾經濟學獎獲得者萊因哈特‧賽爾頓（Reinhard Selten）教授有一個著名的「博弈」理論。假設有一場比賽，參與者可以選擇與對手是合作還是競爭。如果採取合作策略，可以像鴿子一樣瓜分戰利品，那麼對手之

間浪費時間和精力的爭鬥不存在了；如果採取競爭策略，像老鷹一樣互相爭鬥，那麼勝利者往往只有一個，而且即使是獲得勝利，也要被啄掉不少羽毛。現代社會中的現代企業文化，追求的是團隊合作精神。所以，不論對個人還是對公司，單純的競爭只能導致關係惡化，使成長停滯；只有互相合作，才能真正做到雙贏。

二戰時期，美軍司令部就是這樣一個優秀團隊，德懷特·艾森豪（Dwight David Eisenhower）、喬治·巴頓（George Smith Patton）、奧馬爾·納爾遜·布萊德雷（Omar Bradley）等人性情各異，個性鮮明，但又和諧互補，相互取長補短，從而組成一支所向披靡的聯合艦隊。

艾森豪注重大局、運籌帷幄、富有遠見，性格又和藹可親，是一位第一流的協調者，但卻缺乏具體執行的能力。巴頓性情暴躁、雷厲風行、愛出風頭，這種個性非常適合領導作戰和進攻部隊，他是一個戰爭天才，隨時準備去冒險，他以率領坦克軍大膽突進，攻城掠寨而聞名。他生動活潑的個性能夠感染士兵們的想像力。但他卻個性極強，常常憑藉自己的意願做事。如果只是艾森豪與巴頓組合，那麼，局勢就會因巴頓的個性而失去控制。於是，布萊德雷加入到了這個組合之中。布萊德雷性格沉著穩重、愛護部下、注重小節，雖然在戰爭中缺少創意，但卻能堅決貫徹上級的命令。當諾曼第登陸最初階段的地面部隊指揮權問題提出來的時候，喬治·馬歇爾（George Marshall）對約翰·愛德溫·赫爾將軍說：「巴頓當然是領導這次登陸戰役的最理想人選，但是他過於急躁。需要有一個能夠對他起制約作用的人來限制他的速度，因為熾烈的熱情和旺盛的精力會使他追求冒險的高速。他上面總要有一個人管著，這就是我把指揮權交給布萊德雷的原因。」

但如果僅僅是布萊德雷與艾森豪組合，那麼，美國軍隊無疑將死氣沉

第九章　精誠團結，積極融入到團隊中去

沉、毫無建樹。如果只讓布萊德雷與巴頓組合呢？那麼，美軍就將各自為戰，誰也不服誰。然而，艾森豪、巴頓、布萊德雷三人組合在一起卻彼此克服了對方的缺陷，成為一個成功的組合。巴頓使這個組合富有了戰爭創意和生氣；布萊德雷使這個組合有了秩序和規則；艾森豪使這個組合具備了長遠的目光。所以，一個成功的人並不是一個沒有缺陷的人，而在於他尋找到了一個沒有缺陷的組合。

　　合作已成為人類生存的手段。因為隨著科學知識向縱深方向發展，社會分工越來越精細，人不可能再成為百科全書式的人物。每個人都要借助他人的智慧完成自己人生的目標，於是這個世界充滿了競爭與挑戰，也充滿了合作與快樂。

第十章

不斷創新，讓自己與企業共同進步

　　從來沒有一個時代像現在一樣注重員工的創新，而每位老闆給懂得創新的員工的機會和賞識也從來沒有像現在這樣多。千萬不要因為怕出錯而沿著前人的路走下去這對任何行業、任何職位的人來說都是十分危險的。老闆們每天都在瞪大眼睛尋找在工作中懂得創新的人才。企業要求生存、求發展，就必須創新。人是企業的根本，如果人不創新，企業談何創新？

第十章　不斷創新，讓自己與企業共同進步

▍思維的創新

對企業來說，時間就是金錢，績效就是生命。工作績效遠比廢寢忘食更重要。任何企業都注重員工的工作態度，但更注重員工的工作能力。要獲得高績效，就要以「智取勝於蠻幹，聰明勝於拚命」思維的創新。

惠普前首席知識官曾深有感觸地說：「惠普這樣的跨國公司不提倡員工們整天努力拚命地工作，而是提倡員工們聰明地工作，希望員工們能在工作中能開動腦筋，想出更好的辦法去解決問題、完成工作，從而提高工作品質和效率。」

成功者往往會在行動之前深思熟慮，然後再去賣力工作。在工作中，不要只知道去做事情，而要經常坐下來想一想。如果你不能讓出些時間去思考、制定計畫、安排優先順序，你的工作就會變得更加辛苦，同時你也很難享受到聰明地工作所帶來的收益。

▶ 聰明智取

聰明地工作意味著你要學會動腦，用思考代替埋頭苦幹。如果你一味地忙碌，以至於沒有時間來思考少花時間和精力的方法，那是得不到事半功倍之效的。事實證明，要獲得高績效，就要明白「智取勝於蠻幹，聰明勝於拼命」的道理，並在工作中以之為指導原則。

在義大利有一個小村莊，村裡除了雨水沒有任何水源，為了解決飲水問題，村裡人決定對外簽訂一份送水合約，以便每天都能有人把水送到村子裡。村子裡有兩個年輕人，分別叫布魯諾和柏波羅，他們願意接受這份工作，於是村裡的長者把合約同時給了這兩個人。

簽訂合約後，布魯諾便立刻行動起來。他每天在十公里外的湖泊和村莊之間奔波，用兩個大桶從湖中打水運回村莊，倒在由村民們修建的一個結實

的大蓄水池中。每天早晨他都必須起得比其他村民早，以便當村民需要用水時，蓄水池中已有足夠的水供村民使用。由於晚睡早起地工作，布魯諾很快就開始賺錢了。儘管這是一項相當艱苦的工作，但他還是非常高興，因為他能不斷地賺錢，並且他對能夠擁有兩份專營合約中的一份感到滿意。

柏波羅呢？自從簽訂合約後他就消失了，幾個月來，人們一直沒有看見過他。這令布魯諾興奮不已，由於沒人與他競爭，他賺到了所有的水錢。那麼，柏波羅做什麼去了？原來，柏波羅做了一份詳細的商業計畫書，並憑藉這份計畫書找到了 4 位投資者，和自己一起開了一家公司。6 個月後，柏波羅帶著一個施工隊和一筆投資回到了村莊。花了整整一年時間，柏波羅的施工隊修建了一條從村莊通往湖泊的大容量的不鏽鋼管道。

後來，其他有類似環境的村莊也需要水。柏波羅便重新制定了他的商業計畫，開始向全國甚至全世界的村莊推銷他的快速、大容量、低成本並且衛生的送水系統，每送出一桶水他只賺 10 分錢，但是每天他能送幾十萬桶水。無論他是否工作，無數的村莊每天都要消費這幾十萬桶水，而所有的這些錢便都流入了柏波羅的銀行帳戶中。

從此，柏波羅幸福地生活著。而布魯諾在他的餘生裡仍然拼命地工作著，而且還會為未來年老後體力衰退而擔憂著。

在工作中，我們是否問過自己：「我究竟是在修管道還是在挑水？」「我只是在拼命地工作還是在聰明地工作？」事實上，僅有拼命還不夠，我們更需要聰明地工作，創造性地工作！

「拼命不如智取。」要賣力地工作，更要聰明地工作。這個道理也許大家都懂，卻很少有人會去實踐。因為不少人依然認為，在工作量與成功之間存在著一種直接的連繫，即一個人所投入的人力、物力和精力越多，他獲得的成功就越多。

第十章　不斷創新，讓自己與企業共同進步

　　然而，拚命地工作不一定能如預期那樣給自己帶來快樂，和帶來想像中的成就。只有用聰明地工作代替拚命地工作，才能既多一些時間享受生活，又獲得更佳的業績。

▶ 不可替代

　　螞蟻向來以勤奮工作而為人們所稱道，但是根據科學研究發現，螞蟻群裡面存在許多「懶螞蟻」。這些懶螞蟻很少工作，總是東張西望、到處閒逛。令人不解的是，大多數都很勤奮的螞蟻為什麼要養活這些不工作的「懶蟲」。

　　為了弄清楚其中的奧祕，生物學家在這些懶螞蟻身上做了標記，並且斷絕了螞蟻的食物來源，觀察螞蟻會有什麼樣的反應。其結果讓觀察者大為驚奇：那些平時工作很勤快的螞蟻卻不知所措，而那些被做了標記的懶螞蟻則成為了牠們的首領，帶領夥伴向牠們平時早已偵察到的新食物源轉移。接著，生物學家們再把這些懶螞蟻全部從蟻群裡抓走，隨即發現，所有的螞蟻都停止了工作，亂作一團。直到他們把那些懶螞蟻放回去後，整個蟻群才恢復到繁忙有序的工作中去。

　　生物學家發現，大多數螞蟻都很勤奮，忙忙碌碌，任勞任怨，但牠們緊張有序的勞作卻往往離不開那些不工作的懶螞蟻。懶螞蟻在蟻群中的地位是不可或缺的，牠們能看到組織的薄弱之處，擁有讓螞蟻群在困難時刻仍然存活的本領，使自己在蟻群中不可替代。

　　其實，在現代企業中，也同樣有類似於「懶螞蟻」那樣的員工存在。他們在平時看起來非常悠閒，每週真正用在工作上的時間也非常短，但老闆卻願意為他提供很高的薪水，並且對他讚賞有加。因此，身在職場的我們必須明白，僅有勤奮還不夠，因為肯勤奮苦幹的人隨處可見。更重要的

是，我們要學會聰明地工作，善於解決企業中的難題，培養自己的核心競爭力，進而成為組織裡很難替代的人。

▶ 工作績效

如果我們忙得沒有績效，別的職員用半小時可以完成的工作，我們卻用了三小時，這樣的工作表現，即便我們再忙碌，也很難在老闆或主管那裡為我們加分。

對企業來說，時間就是金錢，績效就是生命。如果你能在相同的時間裡比其他員工做的事情更多，而且做得更好，就意味著你的能力更強，績效更高。這樣的員工自然能獲得提拔，獲得比別人更好的待遇。

很多公司裡都會有這樣一種人，他們的桌子上總是擺滿了文件資料，他們總是顯得忙忙碌碌，似乎自己是日理萬機的總經理。他們對自己的本職工作也充滿了熱情，而且幾乎捨不得多「浪費」一點休息時間。有時候下班了，他們還會自動加班到很晚。他們認為如此表現，足以給老闆一個良好的印象，給大家一個好評，如此就能獲得老闆的重視，得到晉升的資本。然而事實的真相卻是，這種人很難高升，很少被重用。

老闆不一定會喜歡總是很忙碌的員工，甚至會對有些忙忙碌碌的人反感。因為這種職員一旦難以獲得主管和老闆的賞識，往往會抱怨不已，並在背地裡大罵老闆和主管，認為他們無視了自己付出的辛勞和時間。這種付出就必須立刻獲得回報的心態，令老闆最為反感。

其實，老闆衡量一名職員的價值，最終還是落實到他為公司帶來的價值的大小和他對公司的重要程度：是好員工，是重要員工還是可有可無的員工。

第十章　不斷創新，讓自己與企業共同進步

▶ 提高業績

首先，要懂得思考，學會尋找更好的工作方法。

勤奮努力並不一定就能獲得好業績。對於一名傑出員工來說，僅有努力還不夠，還要懂得思考，懂得不斷改進自己的工作方法。

當誰都認為工作只需要按部就班地做下去的時候，偏偏有一些優秀的人，會找到更有效的方法，將效率更快地提高，將問題解決得更好！正因為他們有這種找方法的意識和能力，所以他們以最快的速度獲得了認可！

選擇做正確的事非常重要。在工作中，我們要注意到，不能只單純地講究效率，而忽視了工作的正確性。單純講究效率而忽視了工作的正確與否，等忙到推倒重來時，不論是時間還是金錢均已受到損失。所以，開展一項工作之前，務須想想此項工作的必要性和可行性，而不要盲目工作。

第二，要勤奮努力，這是任何東西都替代不了的。美國籃球巨星麥可‧喬丹（Michael Jeffrey Jorda）說過，他每天要練習 3,000 次以上各種角度的投籃動作；因為每天勤投 3,000 次，遇到緊急狀況時，才能有十拿九穩的超水準表現。今天，你對你從事的工作付出了多少的努力呢？如果你的業績比較差，最根本的原因就是你還不夠努力！

第三，要不斷地學習，提升自己的工作能力。

不斷學習是一個員工成功的最基本要素。這裡說的不斷學習，是在工作中不斷總結過去的經驗，不斷適應新的環境和新的變化，不斷體會更好的工作方法和效率。

▌思路決定出路

　　很多時候，人們因為失敗了幾次，便產生「一朝被蛇咬，十年怕草繩」的想法。不少人，不僅自己不去踩這個雷區，也反對其他人去做同樣的事情。這是很可悲的。很多時候，很多人不是沒有能力去做這件事情，而是沒有去做這件事情的勇氣。

　　換一個思路，可能就會海闊天空，柳暗花明。

　　楚國有個好吃懶做的人，他整天想的就是怎樣不出力氣，或者少出點力就可以豐衣足食。他想，養蜜蜂的人能得到蜂蜜，養魚鷹的人能得到魚，我為什麼不養些猴子呢？猴子會採果子啊！於是，他馬上買來一群猴子，把猴子關在一所空房子裡，又買了很多裝果子用的簍子，教猴子扛簍子。

　　他手拿皮鞭，嚴加訓練。然後又買了許多果子教猴子裝簍子，如果有哪隻猴子偷吃一口果子，或者把果子碰傷了，他便舉起皮鞭，亂抽一頓。沒多久，就把這群猴子治得服服貼貼了。

　　這時，他才放心把猴子放到山裡，去幫他採果子。結果，猴子們都很馴服，每天早出晚歸，背馱肩扛地幫他採來各種各樣的鮮果。他只要把這些鮮果拿到集市上賣出去就行了。從此他過上了逍遙自在的美好日子。

　　這個不勞而獲得楚國人很苛刻，他每天早上把猴子趕上山去採果子，但不管採下多少果子，每隻猴子只收到一個果子。

　　猴子們勞累一天，一個果子怎麼能吃飽肚子呢？餓得吱吱叫，他不但不補充食物，還用皮鞭抽打牠們，哪個叫得響，哪個就挨得重。猴子們對主人的苛刻虐待很反感，但誰也不敢吭聲，因為牠們都非常害怕皮鞭。

　　一天，猴子們照常上山去採果子，雖然肚子餓得很，但受過訓練，採

第十章　不斷創新，讓自己與企業共同進步

下果子來，只往簍子裡裝，不敢往嘴裡放。牠們實在太餓了，於是有一隻膽大的猴子便偷偷地吃起果子來，其他的猴子看見了，也學著牠的樣子吃起來了。

牠們的舉動被一隻野生老猴看見了，不禁大笑起來：「猴兒們，這都是野生野長的果子，放心大膽地吃吧，看你們被人整得一點猴性也沒有，真是可憐呀！」

猴子們互相看看，也七嘴八舌地吱哇起來：

「這果子不是主人的，誰都可以採，誰都可以吃。」

「主人懶得上山來，他又看不見，我們放開肚子吃吧。」

猴子們一個個「嗞溜」、「嗞溜」地爬上高高的大樹上，撿最紅最大的果子吃起來，一會兒就吃飽飽了。

猴子們邊吃邊議論：

「我原來還以為是主人養活我們呢，現在才弄明白是我們養活他呀！」

「山是大自然的山，誰都可以上山來，果是野生的果，誰都可以摘，他懶得工作，鞭打我們幫他工作，我們何必受他那些折磨呢？」

「我們真傻，自找苦吃！」

猴子們長時間挨餓，吃飽後一個個東倒西歪地睡著了。一覺醒來，太陽已快落山了，簍子裡還沒有裝滿呢！

一隻小猴子害怕地說：「今天回去，保證得吃皮鞭，哼！就是吃皮鞭，我也不幫他工作了，我要和他講理！」

另一隻小猴子說：「主人從來不講理，我們不幫他工作，他一定狠狠地打我們一頓，再把我們賣掉！」

大夥抓耳撓腮，一時不曉得該怎樣是好。

還是老一點的猴子聰明，說：「為什麼要回去呢？這大山沒有頭，森林沒有邊，到哪裡沒有我們吃的果子？生活的路就在我們腳下，我們應該當機立斷，立刻離開這裡！」

終於那隻野生的老猴插話了：「這就對了，走，一塊走哇！」

於是，一大群猴子一個個扔掉手裡的簍子，歡跳著，嬉笑著，鑽進那無邊無際的山林裡去了。

那個楚國人到了晚上，左等右等不見猴子們回來，到山上一看，除了橫躺豎倒的簍子以外，一個猴影也沒有。

開始的時候，這些猴子被主人打怕了，所以只好忍飢挨餓，拚命工作，也不敢偷吃果子。最後，在老猴的開導下，牠們終於醒悟，掙脫了心靈上的枷鎖，重新回到大自然中去了。

很多人之所以失敗，就是無法掙脫心靈枷鎖，最終無法在自己的事業上有所成就。

▌打破常規的工作觀念

大部分員工都會對組織的運作規則進行了解。有了規則，一個企業在使用資源、決策、確保公平以及確立標準的時候，才能有所依據。規則是企業藉以自我定位、實踐理念以及協調行動的共同協定。一個員工應該知道如何善用這些規則，完成自己所負責的工作。

但是，好員工必須知道：規則是為了目標的實踐而設定的，因此他們會特別注意是否有不合時宜的規則存在，這些規則反而阻礙了目標的達成。他們以一種成熟的態度來看待規則：有益的規則便加以支援，不好的規則便提出質疑。

第十章　不斷創新，讓自己與企業共同進步

如果我們分析一下那些形同絆腳石的規則，我們會發現問題其實是規則的應用方式違背了當初設計時的本意。規則會隨著時間而演變，當各種主、客觀條件已經不同於以往的時候，作為好員工，你便需要重新檢討規則的適用性。

還有，有的員工往往受到以往成功經驗的束縛，在面對新的工作時，往往照搬以往的經驗進行套用。其實，經驗有時是會妨礙創新思考的。雖然整體來說，透過實踐活動，特別是透過長時間的實踐活動所取得和累積的經驗，是有一定啟發指導意義，是值得重視和借鑑的，它有助於人們在後來的實踐活動中更好地認知事物、處理問題。但也不能不注意和認知到，經驗只是人在實踐活動中取得的感性認知的初步概括和總結，並未充分反映出事物發展的本質和規律。

不少經驗只是某些表面現象的初步歸納，具有較大的偶然性。有的貌似根據和理由充分，實際上卻片面、偏頗；有的只是適用於某一範圍、某一時期，在另一範圍、另一時期則並不適宜。由於受著許多條件的限制，無論是個人的經驗，還是群體的經驗，一般都不可避免地具有只適合於某些場合和時間的局限性。不可讓過去的經驗成為我們創新思考的障礙物和絆腳石。

一家規模不大的建築公司在為一棟新大樓安裝電線。有一處地方，他們要把電線穿過一根幾十米長但直徑只有 3 公分的管道，管道砌在磚石裡，並且彎了 4 個彎。開始時他們束手無策，顯然，用常規方法無法完成這個任務。

後來，一位愛動腦筋的裝修工想出了一個非常新穎的主意：他到市場上買來兩隻白老鼠，一公一母。然後，他把一根線綁在公鼠身上，並把牠放在管子的一端。另一名工作人員則把那母母鼠放到管子的另一端，並輕輕地捏牠，讓牠發出吱吱的叫聲。公鼠聽到母老鼠的叫聲，便沿著管子跑

去找牠。牠沿著管子跑，身後的那根線也被拖著跑。

因此，工人們就很容易把那根線的一端和電線連在一起。就這樣，穿電線的難題得到順利解決。這位愛動腦筋的裝修工，也因為創新而完成了任務，最後得到了老闆的嘉獎。

現代科技的特點是專業分工越來越細，而具有廣博的知識，能利用綜合性學術觀點來解決問題的卻越來越少。雖然專業面越小越有利於使研究深化，但隨之而產生的另一個問題是由於視野狹窄而使創新能力大受影響。深度和廣度看上去是矛盾的，但在實際中卻是相輔相成的。專業知識過於集中，就不容易看到科學發展的廣闊背景，也容易忽視一些有啟發意義的重要情報，因而難以實現創造性的飛躍。

所以，作為一名好員工，你必須在一定的時候超越經驗和專業知識去考慮，打破規則並不是肆意踐踏規則，是在不違背基本準則的前提下的一種創新。

▌在工作中不斷創新

一位員工是否能得到老闆的信任、能否成功，在於他是否什麼事情都力求做到最好，並在工作中勇於創新、創新再創新好員工會讓工作變得更加完美。

一位在修理行業非常有名的技術菁英，想把自己的兒子也培養成像自己一樣有能力的人。他從最基本的東西教起，把自己所有辛辛苦苦總結大半輩子的經驗，都毫無保留地傳授給自己的兒子。可是兒子的技術竟然比不上一般的技術人員，這讓他十分苦惱。

這天，他和老闆聊天時說到自己的兒子，老闆聽後問：「你一直親自地教他嗎？」

第十章　不斷創新，讓自己與企業共同進步

技術菁英：「是的，為了讓他得到一流的修理技術，我教得非常仔細耐心。」

老闆：「他一直跟隨著你嗎？」

技術菁英：「是啊，為了讓他少走彎路，我一直讓他跟著我學習。」

老闆：「這麼說來，錯誤的就是你了，你只傳授給了他技術，卻沒傳授給他教訓，對於個人來說，沒有教訓與沒有經驗是一樣的，這樣的人都難成大器。」

然後老闆說：「成功的最佳途徑就是在工作中自己摸索著創新，如果我們公司所有的員工都用十幾年前的方式工作，我真的不敢想像現在會是什麼樣子，也許我們公司早倒閉了。一位好員工不會總用一種方式工作，不管這個方式有多好。因為每一種技術和方式隨著時間的推移，都會變得落後，只有在工作中懂得不斷創新的員工才有可能得到成功。」

現在的社會已經不是只要肯出力就可以做到優秀的時代了，職場上的常勝將軍只有一條祕訣：隨時改進自己的工作方式，創新、創新再創新！

▋創新成就完美結果

對於企業來說，員工真正應該關心的是工作的結果而不是工作本身，學會激發我們的潛在智慧，聰明地去工作，才能獲得非凡的結果。

善於創新的員工是思路異常靈活的一群人，他們能夠以敏銳的視角洞察市場的變化，迅速抓住機遇，尋找更好的辦法創造非凡的結果。

福特汽車公司是美國創立最早、最大的汽車公司之一。1956 年，該公司推出了一款新車。儘管這款汽車式樣、功能都很好，價格也不高，但奇怪的是，銷路平平，和公司預期的情況完全相反。

　　公司的管理人員急得像熱鍋上的螞蟻，但絞盡腦汁也找不到讓產品暢銷的方法。這時，在福特汽車公司裡，有一位剛剛畢業的大學生，卻對這個問題產生了濃厚的興趣，他叫李‧艾科卡（Lee Iacocca）。

　　當時艾科卡是福特汽車公司的一位見習工程師，本來與汽車的銷售工作並沒有直接關係。但是，公司老闆因為這款新車滯銷而著急的神情，卻深深地印在他的腦海裡。

　　他開始不停地思索：我能不能想辦法讓這款汽車暢銷起來呢？終於有一天，他靈光一閃，於是徑直來到總經理辦公室，向總經理提出了一個自己想出的方法，他提出：「我們應該在報上登廣告，內容為花 56 元買一輛 56 型福特汽車。」

　　這個創意的具體做法是：誰想買一輛 1956 年生產的福特汽車，只需先付 20% 的貨款，餘下部分可按每月付 56 美元的辦法直到全部付清。

　　他的建議最終被採納，「花 56 元買一輛 56 型福特汽車」的廣告引起了人們極大的興趣。

　　「花 56 元買一輛 56 型福特汽車」，不但打消了很多人對車價的顧慮，還給人留下了「每個月才花 56 元就可以買輛車，實在是太划算了」的印象。

　　奇蹟就因為這樣一句簡單的廣告詞而產生了：短短的 3 個月，該款汽車在費城地區的銷售量，從原來的末位一躍成為冠軍。

　　而這位年輕的工程師也很快受到了公司賞識，總部將他調到華盛頓，並委任他為地區經理。後來，艾科卡不斷地根據公司的發展趨勢，推出了一系列富有創意的辦法，最終脫穎而出，坐上了福特公司總裁的寶座。

　　市場的大潮是無情的，它要求員工順著潮勢隨時創新，如果哪個人稍有遲疑，動作遲緩，就有可能被大浪吞沒，也必將給企業帶來嚴重的惡

果。作為員工，企業時刻都在關心我們的結果。要想使個人的業績有所提升，就要開動腦筋，運用創新的方法和智慧，在工作中尋求突破。

　　作為企業發展的智慧源泉，員工有責任要求自己在工作中融入創新元素，從而更出色地完成任務。企業都喜歡具有創新能力的、善於創新的員工。因為只有這樣員工才能創造傲人的結果，才能為企業創造更高的價值。

▌創新思維，啟動生命

　　在工作中，許多員工由於害怕承擔責任，一味地墨守成規，懼怕改變，不願意嘗試用新的方法做事。他們的做事準則是：不求有功但求無過。自己只要做好分內的工作，對得起那份薪水就可以了。如果你這樣想，那麼你充其量只能作為「墊底」的，讓老闆放心，但絕不會令老闆欣賞。

　　在工作中，會出現許多我們無法透過正常思維方式來解決問題，即使能夠解決，也會因為耽誤大量的時間而降低效率。因此，如何快速有效地解決問題就成為提高工作效率的關鍵，而創新無疑就是最佳的選擇。

　　在一般情況下，人們總是慣用常規得思維方式，因為它可以使我們在思考同類或相似問題時，省去許多摸索和試探的步驟，能不走或少走彎路，從而可以縮短思考的時間，減少精力的耗費，又可以提高思考的素養和成功率。但這樣的思維定勢往往會起一種妨礙和束縛的負面作用，它會使人陷入在舊的思維模式的框框裡，難以進行新的探索和嘗試。

　　因此，我們應該勇於打破常規的想法，擺脫束縛思維的固有模式。而且應該長期堅持這樣做，養成一種創新的習慣。學會換一個角度，換一個立場來思考問題，也許會得到意想不到的答案，從而減少工作時間，進而提高工作效率。

　　很多人認為創新是企業領導者的事，與自己無關，這種認知是完全錯誤的。正如傑克‧威爾許（Jack Welch）所說的：「我們每個人都有可能成為創新的人，關鍵是看我們有沒有創新的勇氣和能力，能否掌握創新的思維方法和運用創新的基本技巧。」如果你能在剛工作時就展現這方面的能力，那你就能很快從一群新人中脫穎而出，領先一步。

　　麥克是一家洗衣店的員工。他是一個有著創新精神的年輕人，他一直在思考怎樣才能增加人們洗衣的次數。他知道很多洗衣店都要在每一件燙好的襯衫領子上加上一張硬紙板，以防止其變形。於是，麥克便想：「我能不能改進這張三角紙板，以使其更具價值呢？」

　　他突然有了一個靈感，即在紙卡的正面印上彩色或黑色的廣告，背面則加入一些別的東西：如孩子們的拼圖遊戲、家庭主婦的美味食譜或全家可在一起玩的遊戲等等。麥克把他的想法告訴了老闆，老闆高興地接受了他的建議，並立即著手採取了行動。有些家庭主婦為了搜集麥克的食譜，把原本可以再穿的襯衣也送來燙洗。此舉不僅使洗衣店賺到了一筆不小的廣告費，而且也為洗衣店帶來了巨大的經濟效益。麥克的創新之舉，不僅使他的業務量大升，他本人也因此而被老闆提拔為經理。一個小小的創意，不僅成就了公司，更成就了自己。

　　在公司裡，老闆給你規定的任務，你是否每天重複別人或者自己老一套的方式去完成呢？如果是，為什麼不鼓起勇氣，大膽創新，想出一個奇妙的好點子，更快、更迅速、更好地完成任務呢？你要想在最短的時間內獲得別人不能獲得的成功，你就必須要有創新的意識和追求卓越的精神。

　　有創新才能有發展。一個職場中的好員工必定是做事高效的員工，因為只有高效才能讓員工業績突出，得到老闆的賞識。要想高效率做事，員工就必須具備一定的創新能力。而一次、兩次的靈光一現，並不能讓你真

正具備過人一等的資本，只有堅持長期的創新，不斷地創新，才能在工作中不斷提高，超越別人，也超越自己。把創新新當成一種習慣，你就是老闆需要的那個人。

創造力是員工的核心競爭力

微軟公司在招聘新員工的時候，一些話總是會被重複地問道：

「你對軟體設計有興趣嗎？」

「你認為軟體的開發，對人的生活會產生什麼樣根本性的影響？」

這些是進入微軟的員工必須回答的問題。

一位微軟的高級人力資源培訓主管給出了解釋：

「軟體設計是一種創造性的工作、微軟又是一個特別注重工作效率的公司，它需要的人，除了具備基本的軟體知識外，必須要有豐富的想像力，高超的創造力，因為自由創造就是微軟的企業精神。」

每個人都可以使自己的公司有所改變，公司的每一個變化，每一個進步，都與個人密切相關。雖然這是一個十分簡單的概念，但是卻對員工產生了巨大的影響。

世界上許多著名的公司都已經認知到發揮員工創造力的重要性。

美國惠普公司創建於 1939 年，該公司不但以其卓越的業績跨入全球知名的百家大公司行列，更以其對人的重視、尊重與信任的企業精神聞名於世。惠普的創建人威廉・惠利特（William Hewlett）說：「惠普的成功，靠的是『重視人』的宗旨。就是相信惠普員工都想把工作做好，有所創造。只要給他們提供適當的環境，他們就能做得更好。」

在美國西南航空公司（Southwest Airlines）的宣傳書冊上打著這樣醒目的文字：「我們有全美國最出色的駕駛員。」的確是這樣，西南航空公

司為他們的駕駛員感到十分自豪。他們用自己的智慧,為公司節省了大量的成本。

西南航空公司一年內在燃料上的花費大概是 3.5 億美元,管理者想盡辦法,都無法使這個成本降低。但是西南航空公司的駕駛員們卻在不影響服務品質的前提下,使這成本縮減了 10%。因為西南航空公司的每一位駕駛員都知道在機場內如何走近路,他們十分清楚走哪一條滑行跑道最節省時間,正因為每一個飛行員在飛行時都能有意識地主動節省時間,而節省一分鐘就意味著節省 8 美元,這樣算下來,這個數字是相當驚人的。

曾經有記者問阿爾伯特・愛因斯坦(Albert Einstein):「您取得了這樣的成就,是不是因為您充分開發了自己的大腦?」

愛因斯坦答道:「不,我大概只利用了 10% 的大腦能力。」記者十分震驚,繼續問道:「那一般人能利用多少呢?」

「可能 4% 左右。」愛因斯坦平靜地回答道。

人的創造力是無限的,如果我們能意識到這一點,就應對自己的創造潛力充滿信心,喚醒自己心中潛在的創造意識,促使我們由普通人向創造性人格轉化,重新重視存在於我們身上的寶貴的創造資源。

有一家小公司,每週都會評出一個「本週最佳創意獎」,雖然獎金不多,但員工因此得到的被重視的感覺是無法用金錢衡量的。

怎麼樣才能擁有改變公司的力量。首先,你要知道,你擁有無窮的潛力,這是一個不爭的事實,你擁有的智慧與創造力,足可以改變這個公司。偉大的心理學家詹姆斯說過:「我們所知道的只是我們頭腦和身體資源中極小的一部分。」人的潛能就如懸浮於海洋上的一座冰山,人們只看到了它露出水面的那隱隱約約的極小一部分,而它絕大的一部分都被海水淹沒,被我們忽視。

第十章　不斷創新，讓自己與企業共同進步

　　幾年前，英國的報導傳出一則消息，說英國打算取消國家專利局，因為他們認為世界上所有應該有的東西都已經發明出來了，所以專利局就失去了它的作用。當然，這個消息更像一個笑話。人的大腦有取之不盡的寶藏，人類社會發展到今天，正是在自身的想像力與創造性的推動下完成的。人類的每一個發明創造，都可能影響這個世界未來的發展。

▋創新是不斷進取的表現

　　打破常規，不按常理出牌，突破傳統思維的束縛，哪怕是一個小小的突破，也會產生非凡的效果。日本東芝電氣公司的一個小職員，就因為一個不太起眼的創意，為我們提供了一個成功的實例。

　　日本東芝電氣公司 1952 年前後一度積壓了大量的電扇賣不出去，7 萬名職工為了打開銷路，費盡心機地想辦法，依然進展不大。

　　有一天，一個小職員向東芝公司當時的董事長石板提出了改變電扇顏色的建議。在當時，全世界的電扇都是黑色的，東芝公司生產的電扇自然也不例外。這個小職員建議把黑色改成為淺色，這建議立即引起了董事長的重視。

　　經過研究，公司採納了這個建議。第二年夏天，東芝公司推出了一批淺藍色的電扇，大受顧客歡迎，市場上甚至還掀起了一陣搶購熱潮，幾十萬臺電扇在幾個月之內一銷而空。從此以後，在日本以及在全世界，電扇就不再都是統一的黑色了。

　　這個事例具有很強的啟發性。只是改變了一下顏色，就能讓大量積壓滯銷的電扇，在幾個月之內迅速成為暢銷品！誰曾想到改變顏色的設想，效益竟如此巨大！而提出它，既不需要有淵博的知識，也不需要有豐富的商業經驗，為什麼東芝公司的其他幾萬名職工就沒人想到、沒人提出來？

為什麼日本以及其他國家有成千上萬的電氣公司，以前也沒人想到、沒人提出來？這顯然是因為行業慣例使然。

電扇自問世以來就以黑色示人，各廠商彼此仿效，代代相襲，漸漸地形成一種傳統，似乎電扇只能是黑色的，不是黑色的就不能成為電扇。這樣的慣例與常規，反映在人們頭腦中，便形成一種心理定勢。時間越長，這種定勢對人們的創新思維束縛力就越強，要擺脫它的束縛也就越困難，越需要做出更大的努力。東芝公司這位小職員所提出的建議，從思考方法的角度來看，其可貴之處在於，它突破了「電扇只能漆成黑色」這個思維定勢的束縛。

美國著名管理大師傑佛瑞說：「創新是做大公司的唯一之路。」沒有創新，企業管理者肯定會毫無作戰能力，也根本不會有繼續做大的可能。同樣的道理，創新是一個員工的立身之本。創新突破常規，能創造機遇，能找到新創意。

幾年以前，有個人賣一塊銅，喊價是 28 萬美元，好奇的記者一打聽，方知此人是個藝術家。不過對於一塊只值 9 美元的銅來說，他的價格是個天價。他被請進電視臺，講述了他的道理：一塊銅價值 9 美元，如果製成門把，價值就增值為 21 美元；如果製成工藝品，價值就變成 300 美元；如果製成紀念碑，價值就應該值 28 萬美元。他的創意打動了華爾街的一位金融家，在他的幫助下，那塊銅最終製成了一尊優美的塑像 —— 也就是一位成功人士的紀念碑，價值為 30 萬美元。從 9 美元到 30 萬美元之前的差距，恰恰就是創造力的價格。

某位著名人物曾經說過：「人的智慧如果滋生為一個新點子時，它就永遠超越了它原來的樣子，不會恢復本來面目。」

創造力本身並不是奇蹟，人人都具備它。但大多數人由於受到傳統思

維的束縛，形成了一種固有的思維定式，因循守舊，缺乏創新意識，這樣，自然就不會有好的結果。

突破思維定勢，創新思考，這將是你成功的法寶。

沒有創新就沒有發展

創新是一種態度，這種態度讓你擁有無數的夢想，讓你渴望自己的生活變得不同，鼓勵你去嘗試做一些事情，從而把一切變得更美妙、更有效、更方便。

如今最有「人氣」的企業家都離不開兩個字 —— 創新，企業家所介紹的經驗和發表的感慨也都濃縮其中。

在成功企業家的成長歷程中，我們發現一條清晰的脈絡，即創新引領他們走向了成功。

然而，對大多數人來說，創新、創造仍是少數天才的專利。約瑟夫·阿洛伊斯·熊彼得（Joseph Alois Schumpeter）先生在給學生上課的時候，就曾經責怪愛因斯坦創造了天才的物理學理論，卻沒有給後人留下他如何思考問題的方法，因而使後人很難向他學習。

其實，創造有大有小，內容和形式也可以各不相同。特別是在 21 世紀的今天，創造活動已經不僅是科學家、發明家在實驗室裡的工作，它已經深入到我們每一個人的生活、工作、學習之中，已經是人人都可以進行的社會實踐活動，任何人在生活、工作的各個方面隨時隨地都可能迸發出創造的火花。

為了使目前已近飽和的牙膏銷售量能夠再加速成長，某世界著名的牙膏公司的總裁不惜重金懸賞，只要能提出足以令銷售量成長的具體方案，該名員工一定會獲得高達 10 萬美元的獎金。

業務部全體員工正在絞盡腦汁，在會議桌上提出各種點子，諸如加強廣告、更改包裝、鋪設更多銷售網站，甚至於攻擊對手等等，幾乎到了無所不用的地步。而這些陸續提上來的方案，最終都不被總裁所欣賞和採納。

一天，一位剛進入公司不久的女祕書，在替總裁倒茶時，提出了自己的看法。她對總裁說：「我想，每個人在清晨趕著上班時，匆忙擠出的牙膏，長度早已固定成為習慣。所以，只要我們將牙膏管的開口加大一點，大約比原口徑多 40%，擠出來的牙膏重量就多了不少。這樣，原來每個月用一條牙膏的家庭，是不是可能會多用一條呢？」總裁一聽，大喜，立刻採用了她的建議。沒過多久，公司的銷售量就成長了。

由此可見，創新並不是高不可攀的事，每個人都有某種創新的能力。創新能力，是每個正常人所具有的自然屬性與內在潛能的疊加，普通人與天才之間並無不可逾越的鴻溝。創新能力與其他能力一樣，是可以透過教育、訓練而激發出來並在實踐中不斷得到提高發展的。它是人類共有的可開發的財富，是取之不盡用之不竭的「能源」。

而許多員工由於害怕承擔責任，在工作中一味地墨守成規，害怕改變，不願意嘗試用新的方法做事。還有的員工認為創新是老闆的事，與自己無關，自己只要做好分內的工作，對得起那份薪水就可以了。如果你這樣想，那麼你充其量只能作為「墊底」的，讓老闆放心，但絕不會令老闆欣賞。因為在這個以新求勝、以新求發展的世界，員工創新力的高低，很大程度上決定著公司創新力和競爭力的高低。

誰要抓住創新思想，誰就會成為職場上的贏家；誰要拒絕創新的習慣，誰就會永遠淪為打工一族。

有位豆子大王，他的生意非常興隆，讓我們來看看他是怎樣做豆子生意吧！每當豆子滯銷時，他分三種辦法處理：

第十章　不斷創新，讓自己與企業共同進步

- **讓豆子漚成豆瓣，賣豆瓣**：如果豆瓣賣不動，醃了，賣豆豉；如果豆豉還賣不動，加水發酵，改賣醬油。

- **將豆子做成豆腐，賣豆腐**：如果豆腐不小心做硬了，改賣豆干；如果豆腐不小心做稀了，改賣豆花；如果實在太稀了，改賣豆漿；如果豆腐賣不動，放幾天，改賣臭豆腐；如果還賣不動，讓它長毛徹底發酵後，改賣豆腐乳。

- **讓豆子發芽，改賣豆芽**：如果豆芽還滯銷，再讓它長大點，改賣豆苗。如果豆苗還賣不動，再讓它長大點，乾脆當盆栽賣，命名為「豆蔻年華」，到城市裡的各大中小學門口擺攤和到白領公寓區開產品發布會，記住這次賣的是文化而非食品。

如果還賣不動，建議拿到適當的鬧市區進行一次行為藝術創作，題目是「豆蔻年華的枯萎」，另外，最好還以旁觀者身分給各個報社寫幾篇文章，說不定同時還可以拿點稿費呢！

如果行為藝術沒人看，稿費也拿不到，趕緊找塊地，把豆苗種下去，灌溉施肥，幾個月後，收成豆子，再拿去賣。

豆子大王經過若干次循環，即使沒賺到錢，但也不賠錢，反正幾個月後，想賣豆子就賣豆子，想做豆腐就做豆腐！

「豆子大王」真的無愧於此稱號。創新無止境，讓我們大家在工作中都加入創新的隊伍吧！

沒有創新就沒有發展

戰學歷不如靠能力：

創新改革 × 危機意識 × 加強行動力，提升自我能力，升遷加薪不假外力！

作　　者：康昱生，常拜

發 行 人：黃振庭

出 版 者：財經錢線文化事業有限公司

發 行 者：財經錢線文化事業有限公司

E-mail：sonbookservice@gmail.com

粉 絲 頁：https://www.facebook.com/
　　　　　sonbookss/

網　　址：https://sonbook.net/

地　　址：台北市中正區重慶南路一段六十一號八
　　　　　樓 815 室

Rm. 815, 8F., No.61, Sec. 1, Chongqing S. Rd.,
Zhongzheng Dist., Taipei City 100, Taiwan

電　　話：(02)2370-3310

傳　　真：(02)2388-1990

印　　刷：京峯彩色印刷有限公司（京峰數位）

律師顧問：廣華律師事務所 張珮琦律師

定　　價：350 元

發行日期：2022 年 11 月第一版

◎本書以 POD 印製

國家圖書館出版品預行編目資料

戰學歷不如靠能力：創新改革 ×
危機意識 × 加強行動力，提升自
我能力，升遷加薪不假外力！ / 康
昱生，常拜著 . -- 第一版 . -- 臺北
市：財經錢線文化事業有限公司，
2022.11
　面；　公分
POD 版
ISBN 978-957-680-537-0(平裝)
1.CST: 職場成功法
494.35　　111017006

電子書購買

臉書